中等职业教育电类专业系列教材

电工技能与实训

(第2版)

重庆市中等职业学校电类专业教研协作组 组编

● 聂广林 主编 ● 王莉 李登科 周成 副主编

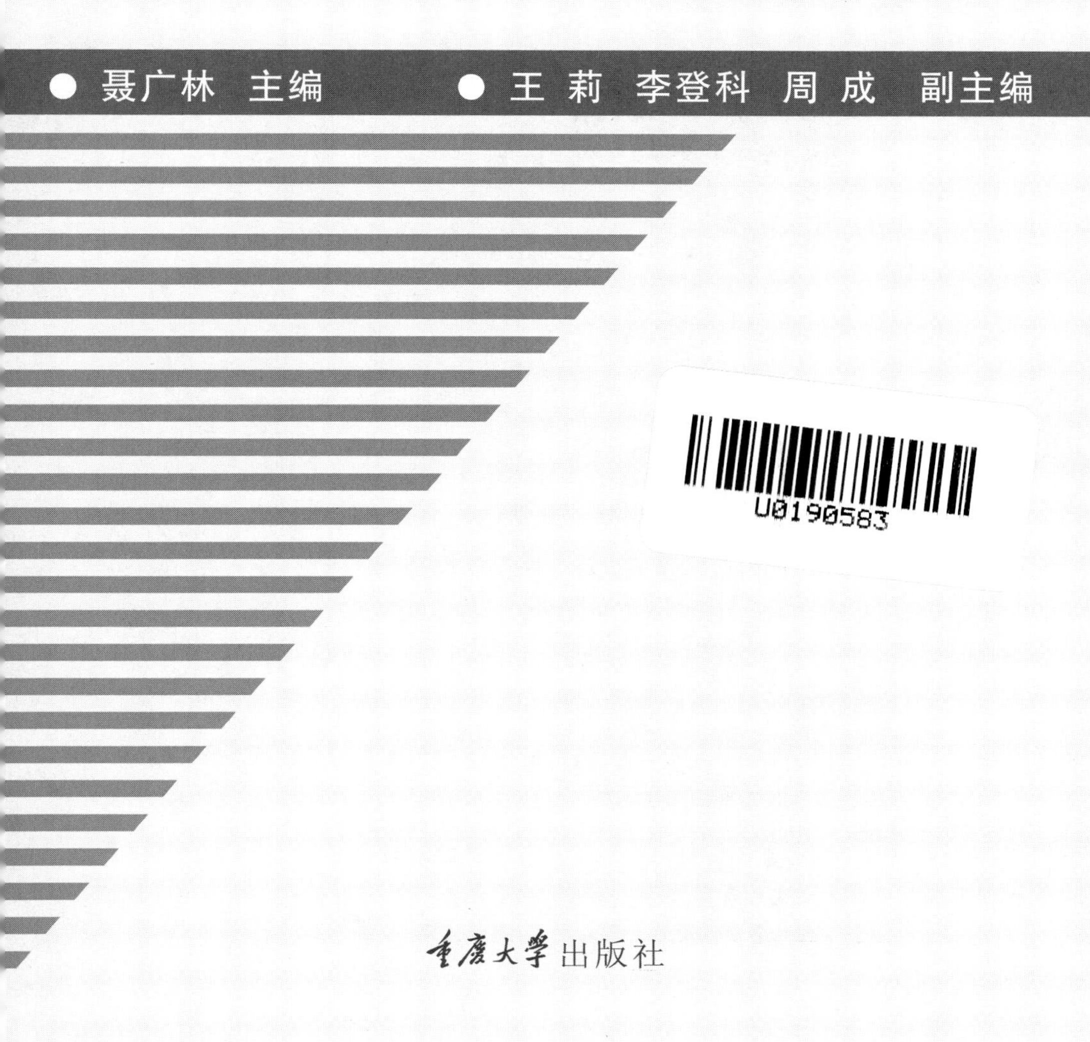

DIANGONG JINENG
YU SHIXUN

重庆大学出版社

内 容 提 要

本书是根据教育部2001年8月颁布的《中等职业学校电子电器应用与维修专业教学指导方案》，以国家对电类专业中级人才的培养要求，并结合本门技术的发展动态和学生实际为依据编写的。主要内容有安全用电与触电急救，电工基本操作技术，钎焊接技术，常用电工仪表，电阻器、电容器和电感器的识别与检测，电动机的维修，常用低压电器，三相电动机的控制，共10个实训。每个实训包括知识准备、技能实训和思考与习题三部分。本书内容丰富、重点突出、图文并茂、通俗易懂、实用性强。

本书可作为中等职业学校电类专业的专业技术实训教材，也可供专业维修人员作为岗位培训教材或自学用书。

图书在版编目(CIP)数据

电工技能与实训／聂广林主编．-- 2版．-- 重庆：重庆大学出版社，2024.1

中等职业教育电类专业系列教材

ISBN 978-7-5624-3903-5

Ⅰ．①电… Ⅱ．①聂… Ⅲ．①电工技术—中等专业学校—教材 Ⅳ．①TM

中国国家版本馆CIP数据核字(2023)第249270号

电工技能与实训

(第2版)

重庆市中等职业学校电类专业教研协作组 组编

聂广林 主编

王 莉 李登科 周 成 副主编

责任编辑：秦旖旎 版式设计：秦旖旎

责任校对：刘志刚 责任印制：张 策

*

重庆大学出版社出版发行

出版人：陈晓阳

社址：重庆市沙坪坝区大学城西路21号

邮编：401331

电话：(023) 88617190 88617185(中小学)

传真：(023) 88617186 88617166

网址：http://www.cqup.com.cn

邮箱：fxk@cqup.com.cn (营销中心)

全国新华书店经销

重庆升光电力印务有限公司印刷

*

开本：787mm×1092mm 1/16 印张：10.25 字数：265千

2007年2月第1版 2024年1月第2版 2024年1月第20次印刷

印数：55 601—58 600

ISBN 978-7-5624-3903-5 定价：32.00元

前言
（第2版）

本书2007年出版至今，已16年之久，当时是在“双轨制”教学体制下编写的实训教材，使用中受到各方好评。16年来各校的生源条件、教学条件、实训条件及人才培养方案均发生了一些变化，原书部分内容已不能适应新时代职业教育发展的需要，因此经与出版社商定，对原书进行修订再版。

本次修订是在聂广林研究员指导下，由重庆市渝北职教中心高级讲师王莉老师、李登科老师、周成老师具体执行对各实训内容的修改。

现对修改内容作如下说明：

（1）删除了原书中陈旧和过时的内容，增加了一些贴近时代、贴近学生、贴近高考的新内容，除原书中实训八没作改动、实训十一删除外，其余九个实训的内容都作了重新编写，使本书焕发青春。

（2）实训二·电工基本操作技术，增加了焊台、工具包等电工工具，删除了明装开关、插座；由于电光源技术的发展，LED灯逐渐取代荧光灯，所以删除了原书中荧光灯内容，新增了LED灯的介绍；对螺钉压接法的工艺及操作示意图也进行了更新；随着社会的发展，现在楼房大多采用家用配电箱，为了和社会接轨，删除了原书中家用配电板的安装，新增了家用配电箱的分类、选择和安装介绍；技能实训部分也换成了单、双控照明电路的安装。

（3）实训三·钎焊接技术，增加了对恒温焊台及其配件以及使用方法的介绍，删除了印制电路板的设计与制作部分，对技能实训部分也进行了改编，更加贴近高考，增加了实用价值。

（4）实训四·常用电工仪表这一内容中，删除了模拟仪表内容，重点介绍数字仪表的使用，并将仪器仪表的学习顺序进行了调整，增加了接地电阻测试仪及其使用方法介绍，调整了技能实训的内容，更符合当今教学和社会需求。

（5）针对原书实训五、六、七中的内容，增加了使用数字万用表测量元器件参数和检测元器件好坏的方法，与当前高职分类考试技能测试所考内容更加合拍。

（6）对实训一、九、十这三章内容中的过时元件进行了更新，使其与现今电工技术相接轨。

担任本次修订任务的三位老师长期在第一线担任高职分类考试电类专业技能测试的教学工作，具有非常丰富的教学经验和实训指导经验。本次修订使该书更接地气，更具实用性，更能反映新时代中职教育电工技能实训课程的教学水平，更受中职电类专业师生的欢迎！

由于编者水平所限，本书修改后肯定还有不少缺点，恳请读者及师生及时指正。

编　者

2023 年 11 月

前言

为了贯彻全国职教会精神和培养适应21世纪高素质的劳动者和优秀中初级专门人才的客观需要，根据国家教育部颁发的《中等职业学校电子电器应用与维修专业教学指导方案》的要求，结合当前中等职业学校电类专业学生的实际和市场对人才的需求。重庆市中等职业学校电类专业中心教研组，在重庆市教委、市教科院的领导下，组织了一批专家和工作在教学第一线的骨干教师编写了本教材。

本教材有以下特点：

(1)切实贯彻以市场为导向，以能力为本位的新的课程观和教学观，准确把握本门技术的发展动态和市场对技术工人的要求动向，合理安排教学内容(市场需要且中职学生又能学懂的内容)，实实在在地提出学习训练要求，让学生真正掌握其基本技术。

(2)全书贯彻“创新”、“实用”的编写理念和“贴近时代，贴近生活，贴近学生实际”的三贴近编写原则。

(3)全书共安排了11个实训，每个实训分为两大块来写，一块是“知识准备”，这部分内容是指学生做该实训究竟需要掌握哪些必备知识才能顺利地完成实训内容，掌握其技能。第二块是“技能实训”，这部分内容是具体教学生怎样做，才能顺利完成实训内容。突出技术标准和技术规范，最后还给出了详实和操作性强的“成绩评定”标准。学生完成该实训后，按技能标准和技术规范逐项给学生评分，学生到底掌握该实训的技能没有，给出了一个客观、科学的衡量尺度。便于教师公正、合理地评定学生的成绩。这种编排体系上的创新，使该书真正像一本实训教材。

(4)在内容呈现上，尽量用表格、图形配以简洁、明了的文字解说，图文并茂，脉络清晰，语言流畅上口。学生愿读易懂，避免了大段整页的枯燥乏味的纯文字叙述。

(5)为突出职教特色，确保训练时间和训练质量，本书仍按“双轨”制教学要求来编写，在内容上与理论课程有机配合，互相衔接；在时间上与理论课程同步开设，相互独立，真正做到理论与实践相结合。

本教材系中等职业学校电类专业的主干专业技术实训课程，安排在一年级第一学期学习，教学时数为110学时，各实训课时安排建议如下：

教学课时分配建议表

实训次数	课时数	实训次数	课时数
1	5	7	5
2	10	8	12
3	8	9	12
4	10	10	14
5	7	11	20
6	7		

本教材由重庆市渝北区教师进修学校聂广林担任主编，巴南区教科所康娅担任副主编，参加编写的还有重庆市教科院肖敏老师、重庆龙门浩职中王英老师、重庆渝北职教中心邓朝平老师和胡萍老师，全书由聂广林制订编写大纲和负责编写的组织工作及统稿。

本书在编写过程中得到重庆市教科院、重庆渝北区教师进修学校、重庆工商学校、重庆北碚职教中心、重庆渝北职教中心、重庆龙门浩职中等单位领导的大力支持，特别是重庆市教科院职成教研究所向才毅所长对本书的编写自始至终给予了精心指导，使该教材得以顺利完成。在此一并致以诚挚的谢意！

由于编者水平有限，本书的缺点和不妥之处肯定不少，恳请读者及时批评指正。

编　者

2006年11月

目录

实训一　安全用电与触电急救

一、知识准备

1. 人体允许电流和安全电压值

(1)人体允许电流

人体允许电流是指发生触电后触电者能自行摆脱电源,解除触电危害的最大电流。在通常情况下,50～60 Hz 的交流电 10 mA 和直流电 50 mA 为人体的安全电流值。一般来说,男性的人体允许电流为 9 mA,而女性的为 6 mA。

(2)安全电压

我国有关标准规定的安全电压的范围是 12 V,24 V 和 36 V。不同场所选用的安全电压等级不同。

在湿度大、狭窄、行动不便、周围有大面积接地导线的场所(如金属容器内、矿井内、隧道内等)使用的手提照明灯,应采用 12 V 安全电压。凡手提照明器具,在危险环境和特别危险环境的局部照明灯,高度不足 2.5 m 的一般照明灯,携带式电动工具若无特殊的安全防护装置或安全措施,均应采用 24 V 或 36 V 安全电压。

2. 人体触电的类型

人体触电是指人体某些部位接触带电物体,人体与带电体形成电流通路,并有电流流过人体的过程。根据人体接触带电体的具体情况,有四种触电类型,分别称为单体触电、双体触电、跨步触电和悬浮电路上的触电,见表 1.1。

3. 预防措施

(1)提高安全意识

人体是导体,能通过电流。当人体触电,电流通过身体的某些部位时,会对其产生电击和电伤两种伤害。其中电击是由电流通过人体内部而造成的内部器官在生理上的反应和病变,如刺痛、灼热感、痉挛、麻痹、昏迷、心室颤动或心脏停止跳动、呼吸困难和呼吸停止;电伤则是电流对人体造成的外伤,如电灼伤、电烙印以及皮肤金属化等。因此,我们必须提高安全意识。

安全用电包括两个方面,一是用电时要保证人身安全,防止触电;二是保证用电线路及设备的安全,避免遭受损伤,甚至引起火灾等。从事电气工作的人员,必须懂得安全第一的观念,严格遵守操作规程。安装和维修电器及电路时,要断开电源,并用试电笔检验确实无电后才可进行。必要时,可在断开的电源开关处留人值守或安放“有人工作,禁止合闸”的标牌。

表 1.1　人体触电的类型

触电类型	实　例	解　说
单相触电		人体的一部分接触带电体，电流通过带电体，经由人的身体流入零线或大地形成回路，这种触电称为单相触电。这是常见的触电方式
双相触电		人体的不同部位同时接触两相电源带电体而引起的触电称为双相触电
跨步电压触电		雷电流入地时，或载流电力线断落到地上时，会在导线接地点及周围形成强电场。其电位分布以接地点为圆心向周围扩散、逐步降低而在不同位置形成电位差（电压），人、畜跨进这个区域，两脚之间将存在电压，该电压称为跨步电压。在这种电压作用下，电流从接触高电位的脚流进，从接触低电位的脚流出，这就是跨步电压引起的触电
悬浮电路上的触电		220 V 工频电流通过变压器相互隔离的原、副边绕组间不漏电时，即相对于大地处于悬浮状态。若人站在地上接触其中一根带电导线，不会构成电流回路，不会触电。如果人体一部分接触副边绕组的一根导线，另一部分接触该绕组的另一根导线，则会造成触电。如音响设备中的电子管功率放大器，部分彩色电视机，它们的金属底板是悬浮电路的公共接地点，在接触或检修这类机器的电路时，如果一只手接触电路的高电位点，另一只手接触电路的低电位点，即用人体将电路连通造成触电，这就是悬浮电路触电。在检修这类机器时，一般要求单手操作，特别是电位比较高时更应如此

注：以上触电类型中单相触电在用电中发生得最多。

(2)绝缘措施

用绝缘材料将带电体封闭起来的措施叫绝缘措施。良好的绝缘是保证电气设备和线路正常运行的必要。安装和维修电路及电器时,应选用质量可靠的电器开关、导线、绝缘材料等,并要求使用绝缘工具。表1.2中的示意图是从事电气工作人员必备的绝缘工具。

表1.2　绝缘工具

绝缘工具	示意图	说　明
绝缘拉杆	1　2　3 1—工作部分; 2—绝缘部分; 3—手握部分	绝缘拉杆也叫操作棒,工作部分是固定在绝缘部分上的金属端头,有的用金属钩和金属横梁。绝缘部分是保证用具安全可靠的主要部分,它是用绝缘材料制成的,如硬橡胶、塑料和木料等。手握部分也是用绝缘材料制成的,它与绝缘部分用一个罩护环隔开。这种绝缘拉杆是一种必不可少的高压安全用具,用它操作各种隔离开关和高压保险器
绝缘手套和绝缘鞋		绝缘手套和绝缘鞋是用橡胶制成的,它是防止触及不同带电体的绝缘用具,它的特点是绝缘耐压水平较高,使用方便。安装和维修电器及电路时操作人员应穿好绝缘鞋戴好绝缘手套
绝缘垫和绝缘台	甲　乙	绝缘垫(甲)是用橡胶制成的一种绝缘板,把它垫在地上和大地绝缘,以保证电工的操作安全。绝缘台(乙)是用绝缘物质制成的一种辅助安全用具,操作时站在这个台上,也能起到和大地绝缘的作用,从而保证操作者的安全。绝缘台的制作很简单,在一块长方形木板的四角装上绝缘瓷瓶作为底脚就可以使用
检电器	1　2　3　甲　4　乙　5	检电器是一种检验带电导体上有电没电的专用器具。它的构造如左图甲、乙所示。检电器的一端是接触端(工作触头1),内部串联上一个氖灯(2)、一组电容器(3)和接地螺丝(5),装在绝缘材料所做的绝缘拉杆(支持器4)上。检电器的最下部是握持部分,它与绝缘部件中间有明显的分界。检电器由于电压等级不同,长度也不同。为了保证安全,在检电器的杆上标有使用规定电压的范围。除此之外,每个电工必须配备低压检电器

(3)保护接地和保护接零

保护接地简称接地,它是指在电源中性点不接地的供电系统中,将电气设备的金属外壳与埋入地下并且与大地接触良好的接地装置(接地体)进行可靠连接。若设备漏电,外壳上的电压将通过接地装置将电流导入大地。如果有人接触漏电设备外壳,使人体与漏电设备并联,因人体电阻远大于接地装置对地电阻,通过人体的电流非常微弱,从而消除了触电危险。该保护接地原理如图1.1所示。

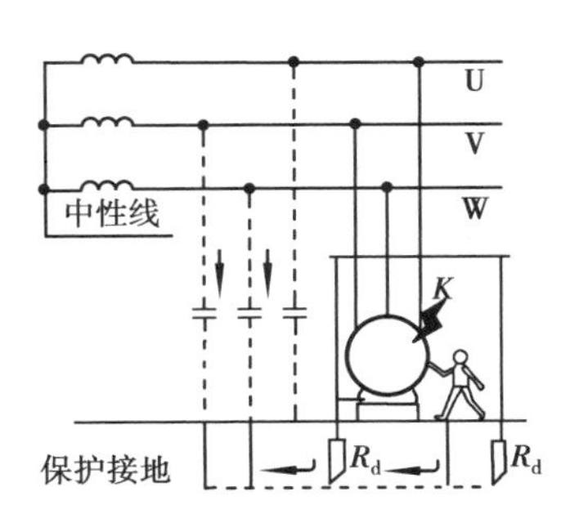

图1.1　保护接地示意图

通常接地装置多为厚壁钢管或角钢。接地电阻应以小于4 Ω

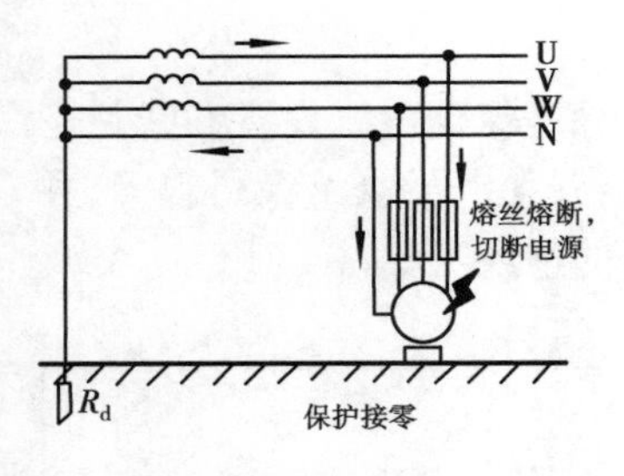

图1.2　保护接零示意图

为宜。

保护接零简称接零，它是指电源中性点接地的供电系统中，将电气设备的金属外壳与电源零线(中性线)可靠连接。如图1.2所示，此时，若电气设备漏电致使其金属外壳带电时，设备外壳将与零线之间形成良好的通路。若有人接触设备金属外壳时，由于人体电阻大于设备外壳与零线之间的接触电阻，通过人体电流必然很小，因此排除了触电危险。

采取保护接零措施后，零线绝对不准断开，所以技术上要求零线上不准安装开关和熔断器。为了确保安全，用户还应将零线与接地装置连接，且要求接地电阻不大于10 Ω。此时万一零线开路，重复接地线将起着把漏电电流导入大地的作用。

4. 触电急救方法

(1)触电现场处理

发现有人触电，最关键、最首要的措施是使触电者尽快脱离电源。触电现场处理的方法见表1.3。

表1.3　触电现场处理的方法

触电现场处理方法	示意图	操作方法
立即切断电源		用绝缘工具夹断电线是指用刀、斧、锄等带绝缘柄的工具或硬棒，从电源的来电方向将电线砍断或撬断。如图，切断电线时注意人体切不可接触电线裸露部分和触电者
		迅速拉开闸刀或拔去电源插头
让触电者脱离电源		用手拉触电者的干燥衣服，同时注意自己的安全(如踩在干燥的木板上)
用绝缘棒拨开触电者身上的电线		用不导电物体如干燥的木棍、竹棒或干布等物使伤员尽快脱离电源。急救者切勿直接接触触电伤员，防止自身触电而影响抢救工作的进行

(2)脱离电源后的抢救工作

当触电者脱离电源后,应在现场就地检查和抢救。将触电者移至通风干燥的地方,使触电者仰天平卧,松开其衣服和腰带,检查瞳孔是否放大,呼吸和心跳是否存在。对失去知觉的触电者,若呼吸不齐、微弱或呼吸停止而有心跳的,应采用"口对口人工呼吸法"进行抢救;对有呼吸而无心跳者,应采用"胸外心脏挤压法"进行抢救。

1)口对口人工呼吸法

对呼吸渐弱或已经停止的触电者,救护者需采用人工呼吸法进行现场急救,口对口的人工呼吸法效果较好,其操作步骤见表1.4。

表1.4 口对口人工呼吸法

步 骤	示意图	要 点
第一步 捏鼻后仰托后颈		使触电者仰卧,松开其衣、裤,以免影响呼吸时胸廓及腹部的自由扩张。再将颈部伸直,头部尽量后仰,掰开口腔,清除口中脏物,取下假牙,如果舌头后缩,应拉出舌头,使进出人体的气流畅通无阻。如果触电者牙关紧闭,可用木片、金属片从嘴角处伸入牙缝慢慢撬开
第二步 吹气		救护者深呼吸后,用嘴紧贴触电者的嘴(中间也可垫一层纱布或薄布)大口吹气,同时观察触电者胸部的隆起程度,一般应以胸部略有起伏为宜。胸腹起伏过大,说明吹气太多,容易吹破肺泡。胸腹无起伏或起伏太小,则吹气不足,应当加大吹气量。对儿童吹气,一定要掌握好吹气量的大小,不可让其胸腹过分膨胀,防止吹破肺泡
第三步 换气		救护者位于触电者头部一侧,将靠近头部的一只手捏住触电者的鼻子(防止吹气时气流从鼻孔漏出),并将这只手的外缘压住额部,另一只手托其颈部,将颈上抬,这样可使其头部自然后仰,解除舌头后缩造成的呼吸阻塞。吹气至待救护者可换气时,应迅速离开触电者的嘴,同时放开捏紧的鼻孔,让其自动向外呼气。这时应注意观察触电者胸部的复原情况,倾听口鼻处有无呼气声,从而检查呼吸道是否阻塞

按上述步骤反复进行,对成年人每分钟吹气14~16次,大约每5 s一个循环,吹气时间稍短,约2 s;呼气时间要长,约3 s。对儿童吹气,每分钟18~24次,这时不必捏紧鼻孔,让一部分空气漏掉。

2)胸外心脏挤压法

当触电者心脏停止跳动时,可以有节奏地在胸廓外加力,对心脏进行挤压。利用人工方法代替心脏的收缩与扩张,以达到维持血液循环的目的,具体操作步骤与要领见表1.5。

表 1.5 胸外心脏挤压法

方法	实例	要点
第一步 急救准备		将触电者就地仰卧在硬板上或平整的硬地面上，解松衣裤；救护者跪跨在触电者腰部两侧
第二步 做好叠手姿势 和找准正确压点		将一只手的掌根按于触电者胸骨以下横向二分之一处，中指指尖对准颈根凹膛下边缘，另一只手压在那只手的背上呈两手交叠状，肘关节伸直
第三步 挤压		靠体重和臂与肩部的用力，向触电者脊柱方向慢慢压迫胸骨下段，使胸廓下陷 3～4 cm，心脏因为受压，心室的血液被压出，流至触电者全身各部
第四步 放松		双掌突然放松，依靠胸廓自身的弹性，使胸腔复位，让心脏舒张，血液流回心室。放松时，交叠的两掌不要离开胸部，只是不加力而已

重复第三和第四个步骤，每分钟 60 次左右。

5. 防雷

雷电的威力是人类不可抗拒的，它可以劈开一棵大树，击倒一座高塔，使人瞬间丧命，但我们可以从预防着手，减少人员伤亡和财产损失。下面介绍一些防雷措施。

(1)安装与制作避雷带

避雷带是接闪器的一种类型，一般是水平或倾斜敷设的(根据屋面的倾斜度而定)，至少有两个地方(首尾两端)和引下线相连接，一般是明设，但也可以暗敷在屋顶的混凝土或瓦片的下面。避雷带在最新版本的《建筑物防雷设计规范》(GB 50057—2010)中称为接闪带，如图 1.3 所示。

避雷带是一种保护电气设备不直接受雷电危害的有效设备，一般应用在各种电气设备、变电所、高大房屋和烟囱上。避雷带的构造简单，它由镀锌扁钢支架、螺栓、镀锌圆钢组成。雷击时，由于避雷带高于被保护的各种设备，把雷电流引向自身承受雷电的袭击，于是雷电先落到避雷带上，雷电流通过避雷带上的支架流入大地，使设备免除雷电流的侵袭，起到保护作用。

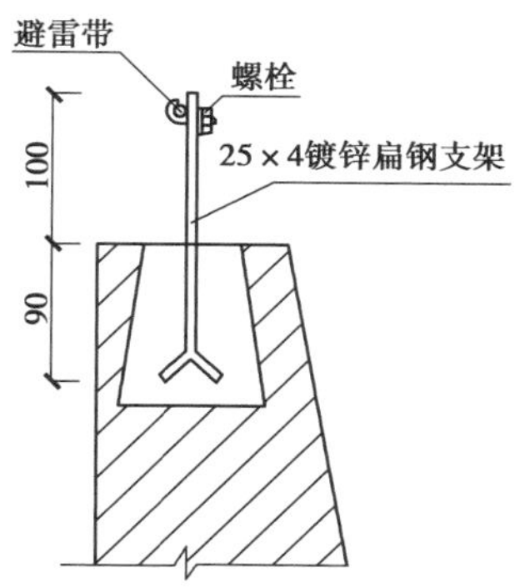

预制女儿墙挑檐避雷带支架

图 1.3　避雷带的安装

(2)其他防雷方法

防雷方法	实　例	注意事项
躲避雷雨		躲避雷雨时,应选择有屏蔽作用的建筑物或物体,如汽车、电车、房屋等
切断电源	我顺线来 我不怕死	在雷雨天气时,应将电器的插头拔下,以免雷电沿电源线侵入电器内部损伤绝缘,击毁电器
躲避雷雨	大树下面好避雨 大树边上易遭雷	躲避雷雨时,不可站在孤立的大树、电杆、烟囱或高墙下面

续表

防雷方法	实　例	注意事项
雨伞不要举得过高		雷雨天行走时，雨伞不要举得过高，特别是有金属顶的雨伞
不要在外行走		雷雨天不要在空旷的地方站立或行走，也不要到容易受到雷击的山顶、湖泊、河边、沼泽地、游泳池等地，更不能穿着湿衣服到这些地方

二、技能实训

1. 实训内容

口对口人工呼吸法和胸外心脏压挤法。

2. 实训目的

掌握口对口人工呼吸法和胸外心脏压挤法。

3. 实训器材

衬垫，塑料人模型，光碟。

4. 实训步骤

①每 3 名同学一组，其中一人做被施救者，一人做施救者，一人观察时间及施救者动作是否规范、适当并做记录。

②进行口对口人工呼吸法训练(用模型)。

③进行胸外心脏压挤法训练。3 名同学轮流换位，直至全部掌握口对口人工呼吸法和胸外心脏压挤法。

5. **成绩评定**

成绩评定表

学生姓名________

评定类别		评定内容	得　分
实训态度(15 分)		态度好、认真 15 分,较好 10 分,差 0 分	
触电急救要领掌握(10 分)		1)掌握口对口人工呼吸法要领 5 分(实验报告中体现) 2)掌握胸外心脏压挤法要领 5 分(实验报告中体现)	
实训器材安全(5 分)		器材损坏酌情扣分	
实训步骤	进行口对口人工呼吸法训练(35 分)	吹气前的准备工作充分 14 分,吹气量和换气掌握较好 14 分,时间掌握正确 7 分	
	进行胸外心脏压挤法训练(35 分)	叠手姿势正确 7 分,压点正确 7 分,挤压、放松动作规范 14 分,时间掌握正确 7 分	
总　分			

思考与习题一

1. **填空题**

(1)一般情况下,规定安全电压为__________及以下,人体通过_________电流会有生命危险。

(2)常见的触电方式有________、_________和__________。

2. **问答题**

(1)什么是保护接零？保护接零有何作用？

(2)什么是保护接地？保护接地有何作用？

(3)发现有人触电,你可用哪些方法使触电者尽快脱离电源？

实训二　电工基本操作技术

一、知识准备

1. 常用电工工具的认识

常用电工工具名称、外形、规格、用途、用法等内容见表2.1。

表2.1　常用电工工具

名称	外形结构	种类规格	用　途	用　法
测电笔	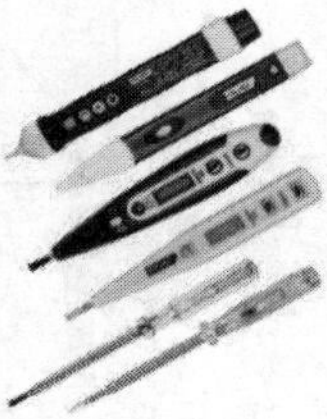	氖管式	检验线路和设备是否带电	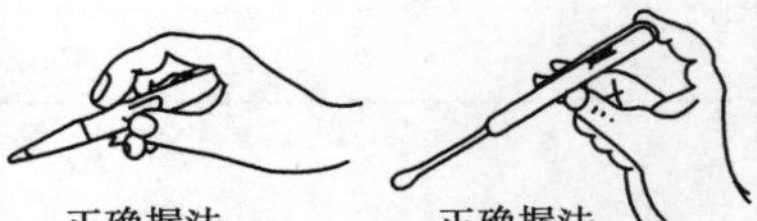 正确握法　正确握法
		数显式		
螺丝刀	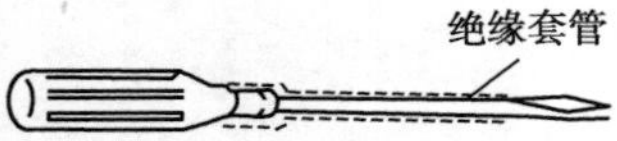 绝缘套管 (a)一字形	一字形以刀体长度表示规格，常用的有100 mm，150 mm，300 mm等	旋动尾部成一字形和十字形的各种规格的螺丝	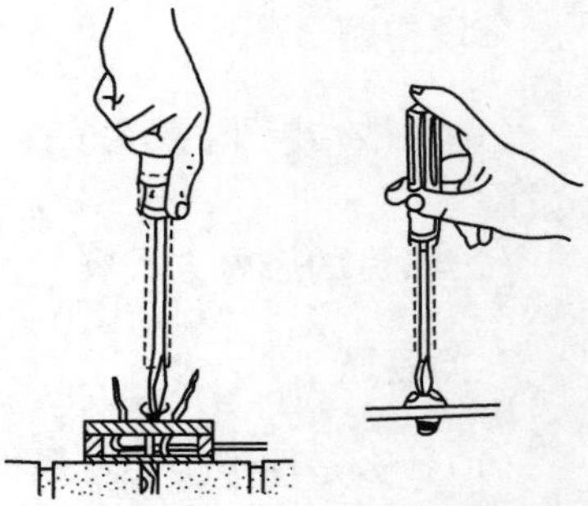 (a)旋转较大螺丝　(b)旋转较小螺丝
	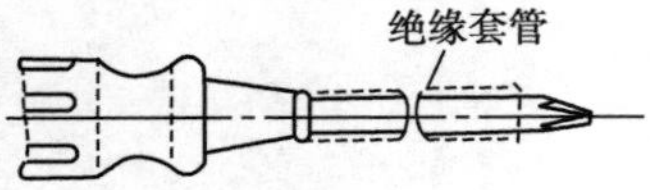 绝缘套管 (b)十字形	十字形按头部旋动螺丝规格不同分为Ⅰ,Ⅱ,Ⅲ,Ⅳ四种，分别旋动2～2.5,3～5,6～8,10～12 mm等直径的螺丝		
钢丝钳	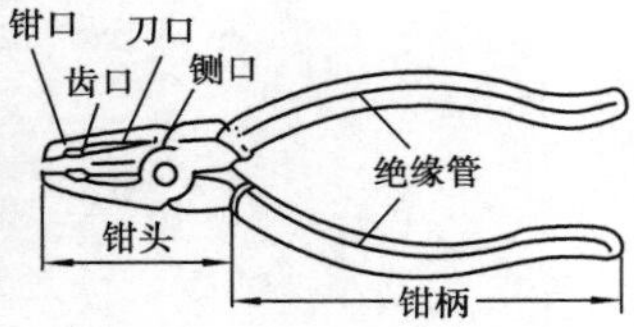 钳口　刀口　齿口　铡口　绝缘管　钳头　钳柄	常用规格：175 mm,200 mm	钳夹、剪切导线、金属丝或其他小型零部件，起拔螺钉，剥削导线等	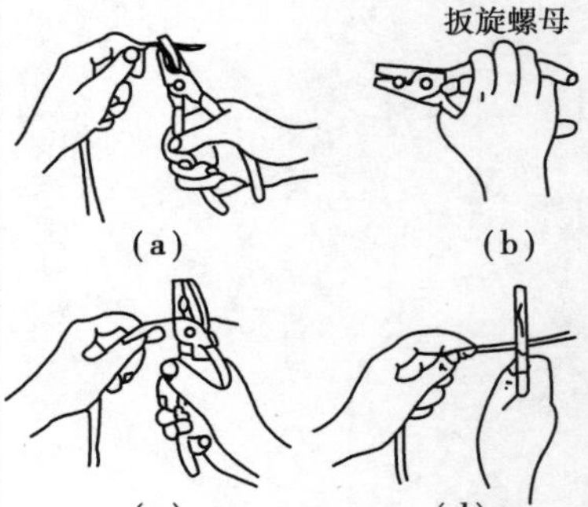 扳旋螺母 (a)　(b)　(c)　(d)

续表

名称	外形结构	种类规格	用　途	用　法
尖嘴钳	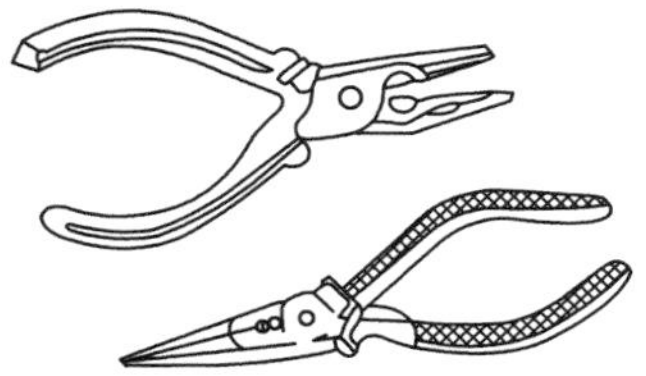	电工常用的有125 mm,150 mm	用于钳夹小零件、金属丝及在狭小空间操作	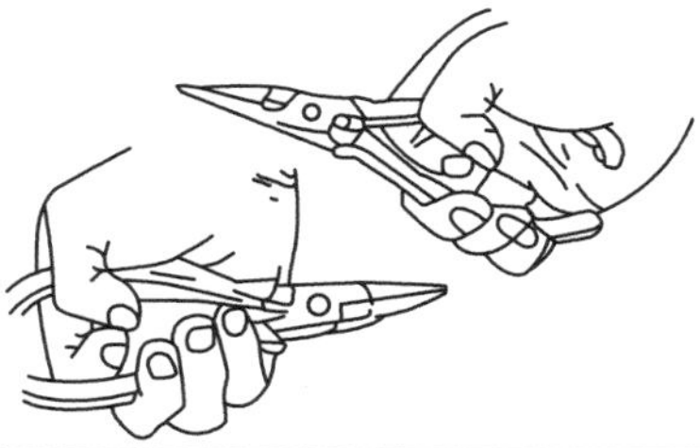
活络扳手	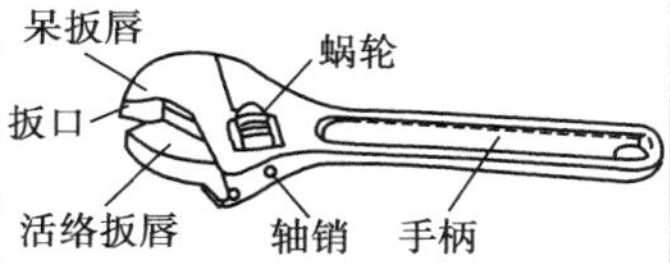 呆扳唇 蜗轮 扳口 活络扳唇 轴销 手柄	电工常用有150 mm × 19 mm,200 mm × 24 mm,250 mm × 30 mm,300 mm × 36 mm	旋动螺钉、螺母等紧固件	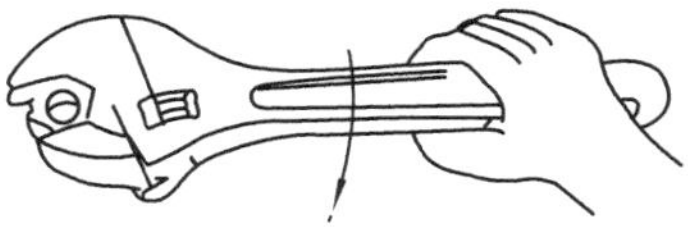 (a)扳大螺母握法  (b)扳小螺母握法
电工刀	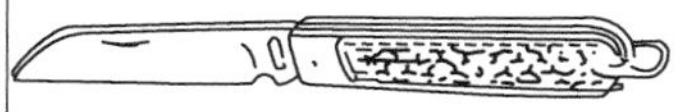		剖削导线绝缘层,削制木台等	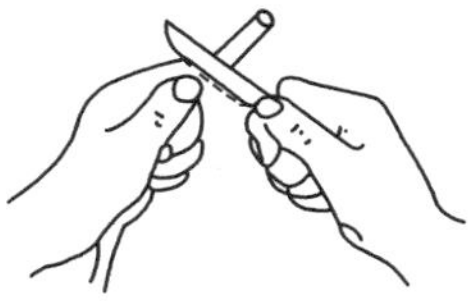
电烙铁	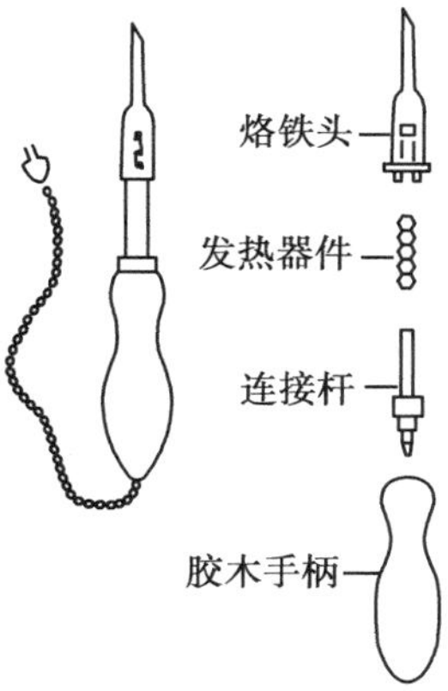 烙铁头 发热器件 连接杆 胶木手柄	内热式常用的有20 W,30 W,35 W,50 W等;外热式常用的有25 W,50 W,100 W,150 W,200 W,300 W等	焊接电子元器件、导线接头、元件或导线与印刷板、机器底板间的焊接	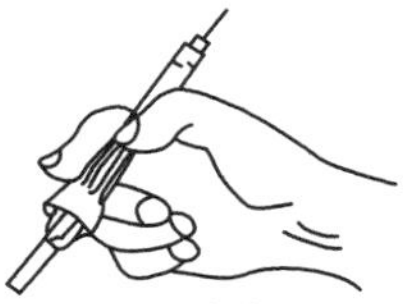 (a) 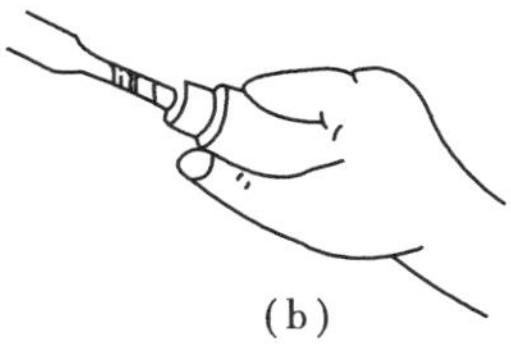 (b)  (c)
焊台	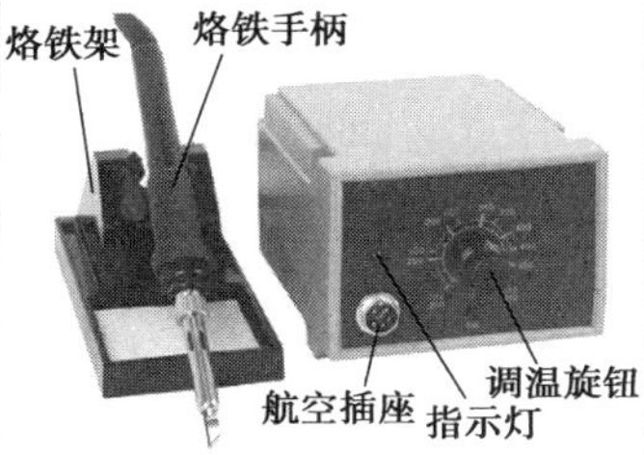 烙铁架 烙铁手柄 航空插座 指示灯 调温旋钮	按照发热芯分类有陶瓷发热芯、金属发热芯、高频发热芯。常用的936系列属于陶瓷发热芯系列		

续表

名称	外形结构	种类规格	用途	用法
电工工具包		常用的有斜挎式工具包、手提式工具包、腰包等	可将常用电工工具放入其中，便于携带，还可以保护工具，减少工具的磨损。可以随用随取工具，提高工作效率	
绝缘胶鞋		一般从帮面材料、鞋帮高低、测试电压三个方面作区分	使人体与地面绝缘，防止电流通过人体与大地之间构成通路，对人体造成电击伤害，把触电时的危险降低到最小程度	
镊子	(a)普通镊子 (b)医用镊子	电工常用的有普通镊子和医用镊子，材料为不锈钢	夹持导线头、小型元器件及狭小空间内的小零件	用拇指与食指、中指配合握住柄部，用尖部夹持零部件
手电钻	电源开关 钻锤调节开关	普通手电钻规格以钻夹头所夹钻头规格而定，常用有0~6 mm,0~13 mm。冲击电钻有0~13 mm,0~16 mm等	钻削印制电路板孔、导线穿墙孔、膨胀螺栓孔及其他钻孔	松

续表

名称	外形结构	种类规格	用　途	用　法
剥线钳			用于剥削直径在6 mm及以下导线线头绝缘层	
管子钳	活络扳唇 呆扳唇 蜗轮 手柄	按套丝管径不同分类，常用的有13～51 mm，64～101 mm	用于旋动圆柱形金属紧固件，如圆形金属管道，螺纹等	按旋动金属紧固件的不同方向将钳口卡住紧固件，旋动蜗轮，用钳口将紧固件卡紧再旋动

2. 常用电工器材

(1)开关插座类

开关插座种类繁多，规格各异。下面选择常用的部分产品按名称、规格、适用场合、外形、品牌等项目列于表2.2、表2.3中。

表2.2　常用跷板式开关

名　称	材质	适用场所	外　形	品　牌
普通型单联单控开关，单联双控开关	胶木塑料	户内一般场所		TCL、松本、银燕、龙胜、朗能、耐搏、飞雕、上海通达、利尔、公牛等
普通型双联单控开关，双联双控开关	胶木塑料			
普通型三联单控开关，三联双控开关	胶木塑料			
普通型四联单控开关，四联双控开关	胶木塑料			

表 2.3　常用暗装插座

产品名称	外　形	规　格	品　牌
普通型双二极插座		250 V 10 A	
带翘板开关的两用插座			
带闭路电视天线插孔的三孔插座		250 V 10 A	
带翘板开关的三孔插座			TCL、松本、朗能、龙胜、耐搏、飞雕、上海通达、利尔等
三位组合三孔插座		250 V 10 A	
四位组合插座		250 V 10 A	
带电话线水晶插头的插座			

(2)常用导线

导线种类、材质、规格非常多,在这里仅将照明、动力电路敷设常用的电线、电缆及电机修理所用电磁线的型号、名称、用途等列于表 2.4 中。表中型号:V 表示聚氯乙烯绝缘,X 表示橡皮绝缘,XF 表示橡胶绝缘,R 表示软线,B 表示硬线。

表 2.4　常用电线、电缆型号、名称和用途一览表

<table>
<tr><th>名　称</th><th>型　号</th><th>规　格</th><th>用　途</th><th>品　牌</th></tr>
<tr><td>聚氯乙烯绝缘铜芯线
聚氯乙烯绝缘铝芯线
铜芯橡皮线
铝芯橡皮线
铝芯氯丁橡皮线</td><td>BV
BLV
BX
BLX
BLXF</td><td rowspan="2">交直流 500 V 及以下,负载电流由线径、敷设方式、环境温度等因素决定</td><td>室内照明和动力线路的敷设,室外架空线路</td><td rowspan="10">鸽牌、泰山、三峡、重塑、双优等</td></tr>
<tr><td>聚氯乙烯绝缘铜芯软线</td><td>BVR</td><td>活动不频繁场所电源连接线</td></tr>
<tr><td>聚氯乙烯绝缘双根铜芯绞合软线
聚氯乙烯绝缘双根平行铜芯软线</td><td>BVS
RVB</td><td rowspan="5">交直流 250 V 以下,负载电流由线径、敷设方式、环境温度等决定。多股线还与每根芯线的股数有关</td><td>移动式电具、吊灯电源连接线</td></tr>
<tr><td>棉纱编织橡皮绝缘双根铜芯绞合软线(花线)</td><td>BXS</td><td>吊灯电源连接线</td></tr>
<tr><td>聚氯乙烯绝缘护套铜芯线(双根或三根)</td><td>BVV</td><td>室内外照明和小容量动力线路敷设</td></tr>
<tr><td>氯丁橡胶绝缘护套铜芯软线</td><td>RHF</td><td>250 V 室内外小型电气工具电源连线</td></tr>
<tr><td>聚氯乙烯绝缘护套铜芯软线</td><td>RVZ</td><td>同第一栏</td><td>交直流额定电压为 500 V 及以下移动式电具电源连线</td></tr>
<tr><td>聚酯漆包圆铜线</td><td>QZ</td><td rowspan="3">交直流 500 V 及以下,负载电流与线径、工作温度有关</td><td>耐热 130 ℃,用于密封的电机、电器绕组或线圈</td></tr>
<tr><td>聚氨酯漆包圆铜线</td><td>QA</td><td>耐热 120 ℃,用于电工仪表细微线圈或电视机线圈等高频线圈</td></tr>
<tr><td>耐冷冻剂包圆铜线</td><td>QF</td><td>在氟里昂等制冷剂中工作的线圈如电冰箱、空调器压缩机和电动机绕组</td></tr>
</table>

导线的选用原则:

①绝缘耐压应高于线路电压峰值;

②负载电流应大于在最高工作温度下的允许值;

③机械强度应保证能承受运行中的张力、压力、剪切力和扭转力等机械负荷。

(3)常用电光源与灯具

常用电光源可分为三大类,一是热辐射光源,如白炽灯和碘钨灯,通常又称为白炽体发光光源;二是气体放电光源,如荧光灯、高压汞灯、高压钠灯等;三是固体发光电光源,如LED等。热辐射光源结构简单,所需附件少,价格便宜,但发光效率较低。气体放电光源利用气体放电辐射发光。它的发光效率高、寿命长,但附件多,结构较复杂,购置成本高。而固体发光光源,如发光二极管、等离子体发光器件等,它们的发光效率高,价格便宜,寿命长,但目前还不能做到大功率(如数百瓦),下面将常用的电光源所构成的灯具按类型、名称、接线原理图及灯具外形列于表2.5中。

表2.5 常用照明灯具类型、名称接线图与外形

类 型	名 称	接线原理图	外 形
白炽灯、LED节能灯	一只单联开关控制一盏灯线路	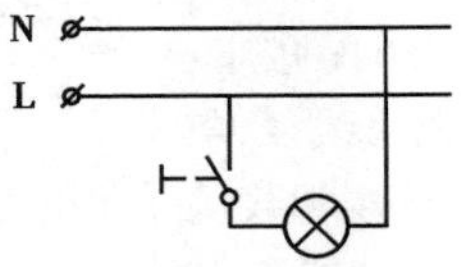N L	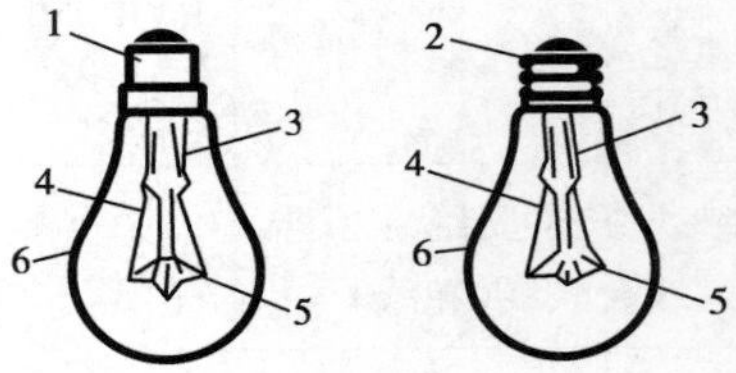1 2 3 4 5 6(a)白炽灯插口 (b)白炽灯螺口 1,2—灯头;3—玻璃支柱; 4—灯丝支架;5—灯丝;6—玻璃泡
	一只单联开关控制一盏灯并与插座并联线路	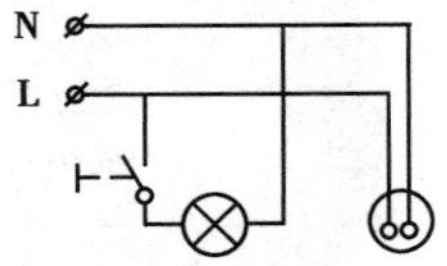N L	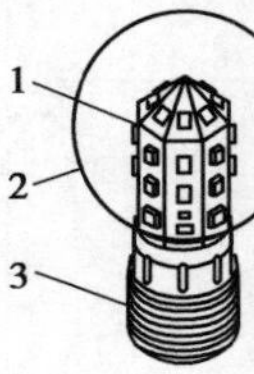1 2 3(c)LED节能灯螺口 1—立体LED电路板模组; 2—透光灯泡壳;3—灯头
	两只双联开关控制一盏灯线路	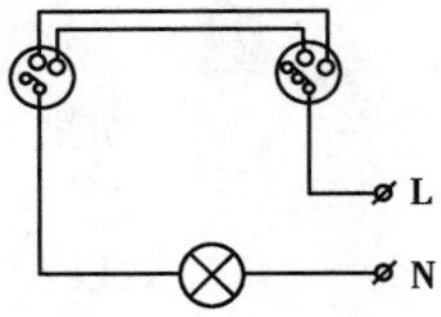L N	
碘钨灯	碘钨灯线路	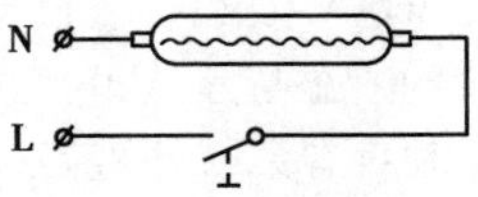N L	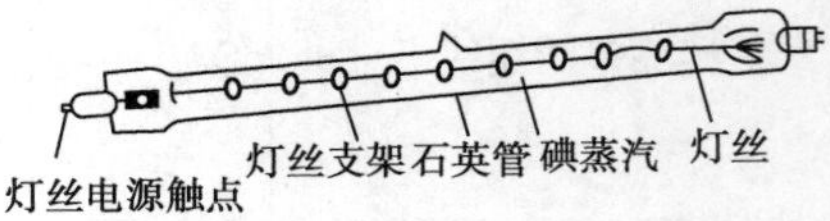灯丝支架 石英管 碘蒸汽 灯丝 灯丝电源触点
高压汞灯	高压汞灯线路	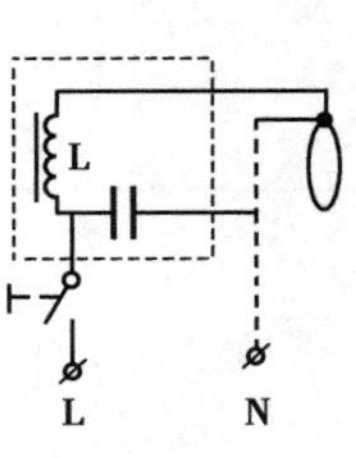L L N	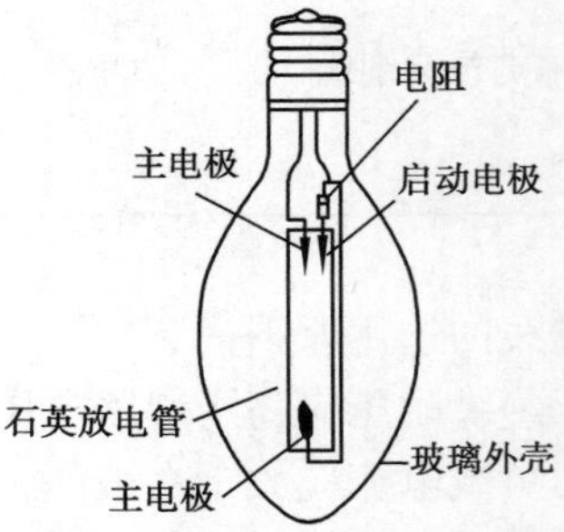电阻 主电极 启动电极 石英放电管 玻璃外壳 主电极

续表

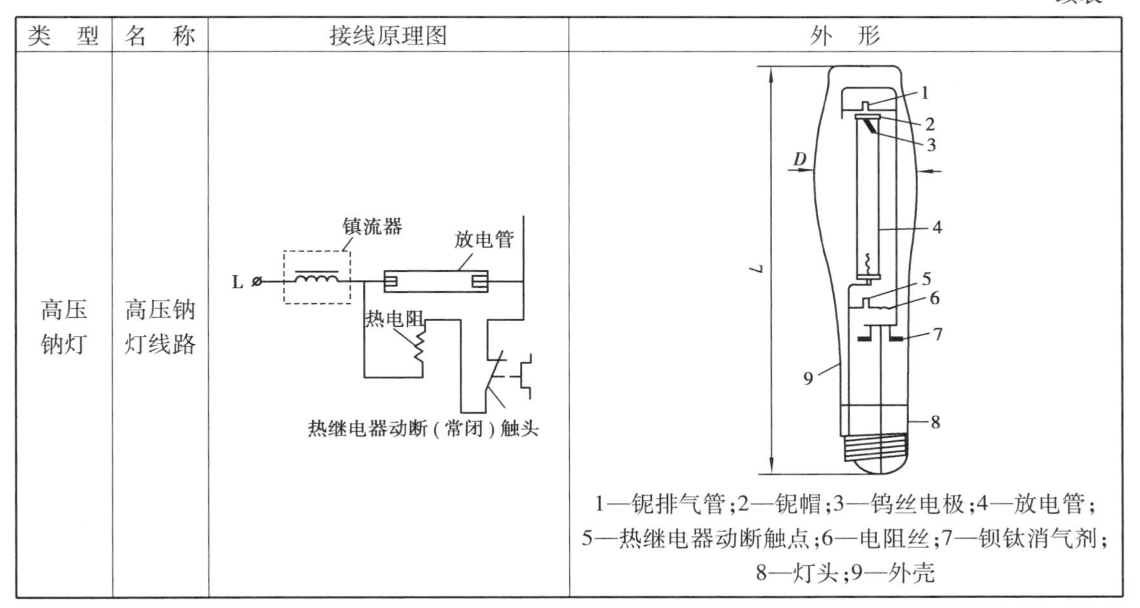

类　型	名　称	接线原理图	外　形
高压钠灯	高压钠灯线路	镇流器 放电管 L 热电阻 热继电器动断(常闭)触头	1—铌排气管;2—铌帽;3—钨丝电极;4—放电管;5—热继电器动断触点;6—电阻丝;7—钡钛消气剂;8—灯头;9—外壳

3. 常用导线的连接方法

导线的连接包括连接前线头绝缘层的剖削、线头的连接以及线头绝缘层的恢复三个步骤，现分述于后。

(1)线头绝缘层的剖削

下面按将要剖削绝缘层的导线类别、剖削工艺要点及操作示意图列于表 2.6 中。

表 2.6　线头绝缘层的剖削

剖削绝缘层的导线	剖削工艺要点	操作示意图
塑料硬线	①钢丝钳剖削(2.5 mm^2 及以下):在所需剖削处,用钢丝钳切破绝缘层表皮,左手拉紧导线,右手适度用力夹紧钢丝钳头部,将绝缘层勒去 ②电工刀剖削(4 mm^2 及以上):在剖削处用电工刀口对导线成 45°角切入绝缘层,再以 15°角推进,最后将未削去的部分扳翻,齐根切去	
塑料软线	用钢丝钳按住剖削 2.5 mm^2 塑料硬线绝缘层的方法操作	
塑料护套线	外面公共绝缘层用电工刀剖削:先按所需长度,用刀尖对准两股芯线的中间划开护套层,将其向后扳翻,齐根切去,其余芯线可用钢丝钳或电工刀按上述方法剖削	(a)
橡皮线	橡皮线外有一层纤维编织层,用电工刀像剖削塑料护套层的方法剖削,再用钢丝钳或电工刀剖削橡皮绝缘层	(b)

续表

剖削绝缘层的导线	剖削工艺要点	操作示意图
橡套电缆	外包公共保护层用电工刀按剖削塑料护套层的方法切除,露出的每根芯线橡皮绝缘层用钢丝钳勒去	(a) (b) 45° (c) (d)
电磁线(漆包线)	直径为 1 mm 及以上用细砂布(纸)擦去;0.6 ~ 1 mm 用薄刀片刮去;0.1 mm 及以下的用微火烤焦漆皮,再轻轻刮去	

(2)线头的连接(表 2.7)

表 2.7　常用线头的连接

连接类型	连接工艺要点	操作示意图
小直径单股芯线的绞接	将去除绝缘层和氧化层的两线头"十"字交叉,互相在对方绞合 2 ~ 3 圈,扳直两线头自由端,每根线自由端在对方线芯上缠绕线芯直径的 6 ~ 8 倍长,剪去多余线头,修除毛刺	
大直径单股芯线的缠绕	将两股芯线相对交叠,再用直径为 1.6 mm 的裸铜线缠绕。直径 5 mm 及以下者缠绕 60 mm 长,大于 5 mm 者缠绕 90 mm 长	5圈 5圈 15 60 15
小直径单股芯线的T型连接	支路芯线与干路芯线十字相交,支路芯线根部留出 3 ~ 5 mm 裸线,将支路芯线在干线上按顺时针方向缠绕 6 ~ 8 圈,剪去多余线头,修除毛刺	

续表

连接类型	连接工艺要点	操作示意图
大直径单股芯线的T型连接	用缠绕法,方法与大直径单股芯线的缠绕法相同	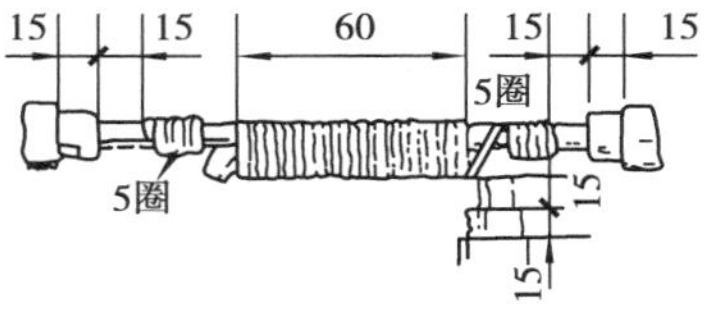 15 15 60 15 15 5圈 5圈 15 15 15
七股芯线的直线连接	将两股线头分散成单股并拉直,在线头距根部三分之一处顺着原扭转方向进一步扭紧,余下的三分之二分散成伞形,将两股伞形线头相对,隔股交叉,直至根部相接,再捏平两边散开的线头,将导线按2,2,3分成三组,将第3组扳至垂直,按顺时针方向缠绕两圈,再弯下扳成直角贴紧芯线,第2,3组缠绕方法相同。注意缠绕时让后一组线头压住前一组已折成直角的根部。最后一组线头在芯线上缠绕3圈,最后剪去多余部分,修除毛刺	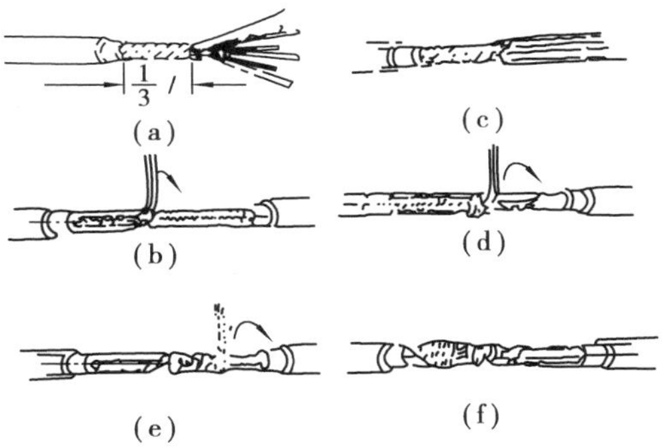 1/3 (a) (b) (c) (d) (e) (f)
七股芯线的T型连接	将支路芯线分散拉直,在距根部八分之一处将其进一步绞紧,将支路芯线按3股和4股分成两组并整齐排列。接着用一字螺丝刀将干线分成对称的两组,并在分出的中线撬开一定距离,将支路的一组穿过该中缝,另一组排在干路芯线前面。先将未穿过中缝的一组在干线上排绕3~4圈,剪除多余线头,再将穿过干线的一组按相反方向(反时针)缠绕3~4圈,剪去多余部分,修除毛刺	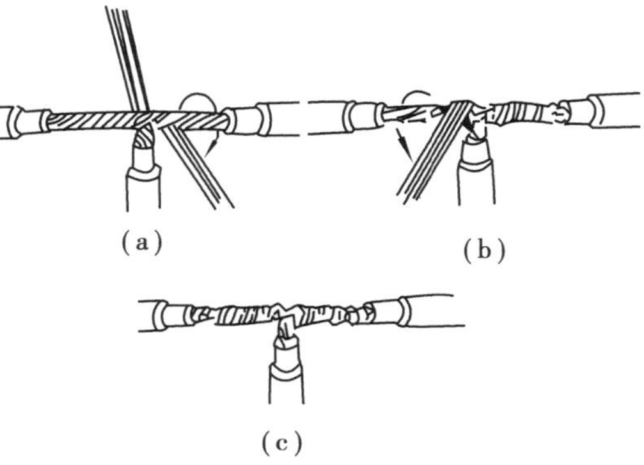 (a) (b) (c)
多股软芯线与单股硬线的连接	把软线里面的铜芯线用手护成一股。把硬线和软线按照90°的角度进行相交,缠绕在一起。绕好之后用尖嘴钳把多余的部分反折回去,这样可以让线圈更牢固	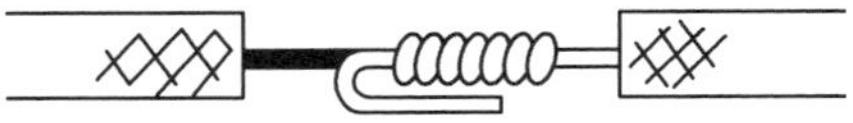

续表

连接类型	连接工艺要点	操作示意图
螺钉压接法	接线时，将线头穿入线孔，用适当力度旋转压线螺丝，利用螺丝的螺钉头部将导线压紧，如有两根或以上的导线要穿同一线孔压接时，应将线头绞接成一股再压接	
线头与平压式接线桩、瓦形接线桩的连接	平压式接线桩是利用半圆头、圆柱头或六角头螺钉加垫圈将线头压紧。对载流量较小的单股芯线，先将线头弯曲成接线圈（俗名羊眼圈）按顺时针方向压接在压接螺钉的垫圈下。对于不超过 10 mm² 的多股芯线，仍需先制作接线圈，压按在压接螺丝垫圈下。接线圈的制作见右图中的（a），（b），（c），（d）。瓦形接线桩的接线多用于单股芯线，压接方法与平压式接线桩大同小异。但要求弯曲成钩状。如果两股线压接，要求将两个钩状线头相对压接，如右图（e），（f）所示	3 mm (a) (b) (c) (d) 羊眼圈制作 (e) (f) 瓦形接线桩接线

（3）线头绝缘层的恢复

在线头连接完成后，导线连接前破坏的绝缘层必须恢复，且恢复后的绝缘强度一般不应低于剖削前的绝缘强度，才能保证用电安全。电力线上恢复线头绝缘层常用黄蜡带、涤纶薄膜带和黑胶带（黑胶布）三种材料。绝缘带宽度选 20 mm 比较适宜。包缠时，先将黄蜡带从线头的一边在完整绝缘层上离切口 40 mm 处开始包缠，使黄蜡带与导线保持 55°的倾斜角，后一圈压叠在前一圈 1/2 的宽度上，如图 2.1（a），（b）所示。黄蜡带包缠完以后，将黑胶带接在黄蜡带尾端，朝相反方向斜叠包缠，仍倾斜 55°，后一圈仍压叠前一圈的 1/2，如图 2.1（c），（d）所示。

在 380 V 的线路上恢复绝缘层时，先包缠 1 ~2 层黄蜡带，再包缠一层黑胶带。在 220 V 线路上恢复绝缘层，可先包一层黄蜡带，再包黑胶带，黑胶带只包两层。

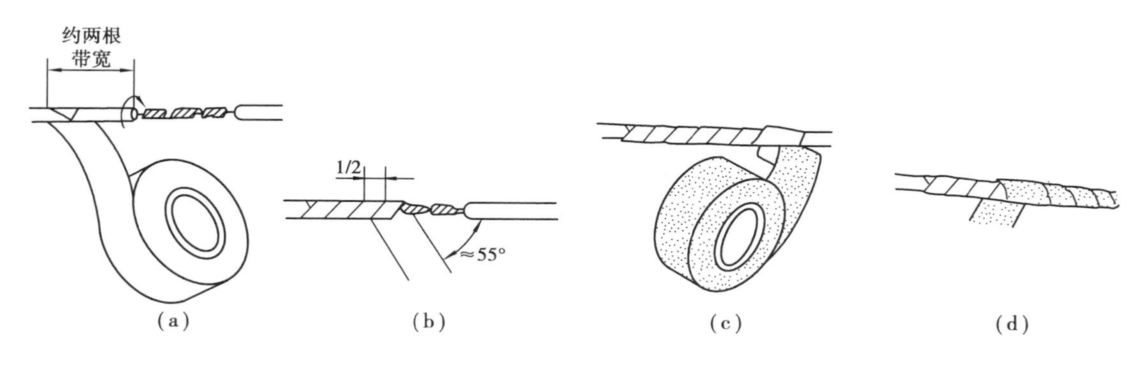

图 2.1　绝缘带的包缠

4. 白炽灯、LED 节能灯工作原理图及电路图

白炽灯电路由灯泡、灯头、开关和导线等组成。其中灯泡是在其内部安装灯丝并抽成真空的玻璃泡。灯丝多由电阻值很高的钨丝制成。钨丝通电时,在高电阻作用下发高热,先是发红,再到白炽而发光。

LED 节能灯由控制元件、LED 驱动电路和 LED 组成。控制元件负责将电源的电力调节到合适的大小,LED 驱动电路则负责将调节后的电力转换为适合 LED 使用的电力,LED 则负责将电力转化为光,产生照明效果。

白炽灯、LED 节能灯的常用电路为一个开关控制一盏灯,两个双控开关在两个地方控制一盏灯。其电路如图 2.2 所示。

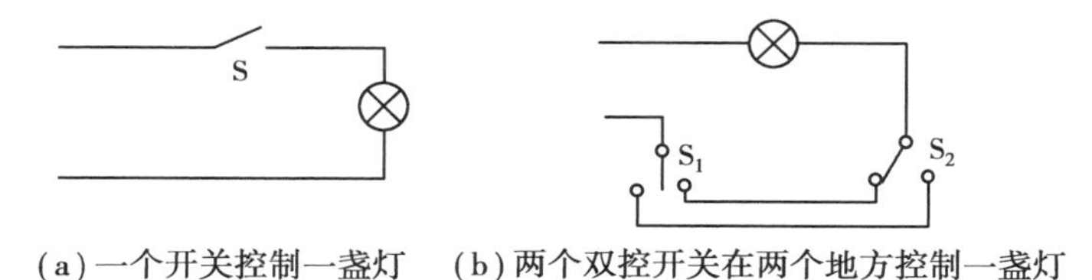

(a)一个开关控制一盏灯　(b)两个双控开关在两个地方控制一盏灯

图 2.2　白炽灯、LED 节能灯的常用电路图

5. 家用配电箱的分类、选择和安装

家用配电箱或家居配电箱,是用来安装小型断路器、过欠压保护器,将从外部引入的一路电源,分配成照明、空调、插座等不同支路的一种配电设备,其主要作用是便于线路保护、用电管理、日常使用、电力维护,每套住宅至少设置一个。

(1)家用配电箱的分类

家用配电箱的型号繁多,按照其制作方式可分为标准型和非标准型两种。标准型家用配电箱是由工厂成套生产的,具有外观漂亮、附件齐全、安装方便、使用安全、价格偏高等特点;非标准型配电箱根据实际需要自行设计制作或定做,具有价格低廉、美观性和安全性差等特点。

家用配电箱按照其安装方式分为明装式和暗装式两种(图 2.3),非标准型、标准型的均有暗装、明装两种形式;按照可安装的支路数量,分为 4 路、8 路、12 路、18 路、24 路等;按照面板的形式,可分为塑料、透明面板和金属面板(图 2.4)等。

图 2.3　家用配电箱明装和安装展示

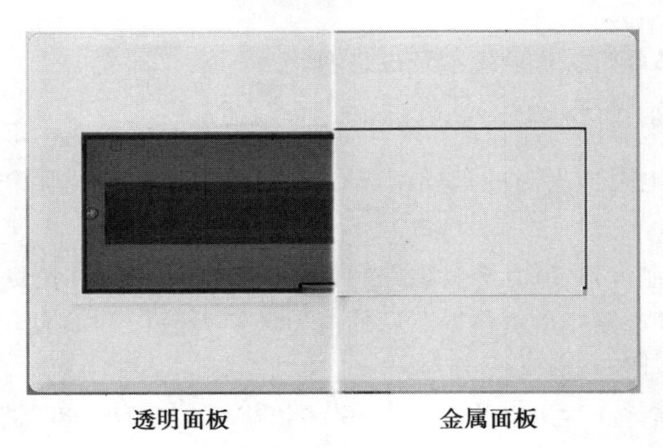

图 2.4　家用配电箱面板区别

(2)家用配电箱类型的选择

现在的家用配电箱为了美观和安全,一般都选择由工厂成套生产的标准型、暗装的配电箱,很少选用明装、非标准型的配电箱。

(3)家用配电箱回路数量的选择

家用配电箱回路数量或规格要根据家用配电箱的接线方式和照明、空调、插座等的分支数量而定,选择家用配电箱之前,要先设计好其接线方式和照明、空调、插座等的分支数量,再根据小型断路器、过欠压保护器、剩余电流动作保护器的数量,确定家用配电箱的回路数量,进而确定家用配电箱的规格型号。如图 2.5 所示为典型的家用配电箱实例,一般情况下,家用配电箱里的空间应该留有一定的余量,以便以后增加电路用。家用配电箱都安装在室内,其防护等级应满足 IP2XC。

(4)家用配电箱的安装

家用配电箱一般采用暗装在室内走廊、门厅或起居室等便于维修处,箱底距地高度不应低于 1.6 m。不应装设在水管井壁、厨房内及卫生间防护区的墙上;也不应嵌装在电梯井道、建筑外墙、分户墙上。

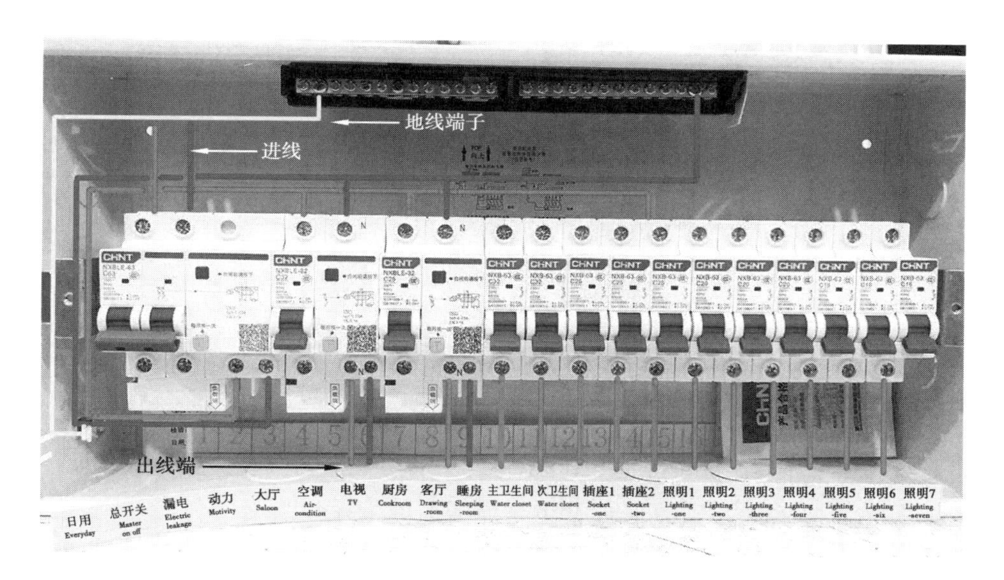

图 2.5　家用配电箱示例

二、技能实训

1. 实训内容

单、双控照明电路的安装。

2. 实训器材

单控开关、双控开关、1P + N 空气开关，灯座、节能灯明装底盒、导线若干，金属导轨、网孔板，螺丝刀、剥线钳、尖嘴钳、验电笔等。

3. 单、双控照明电路的电路原理图

单控灯电路如图 2.6 所示，闭合或者断开 S 能够控制灯的亮和灭。

双控灯电路如图 2.7 所示，图中 S1、S2 是双控开关。在两地，不管闭合开关 S1 还是 S2 都能够控制灯的亮灭。其接线图如图 2.8 所示。

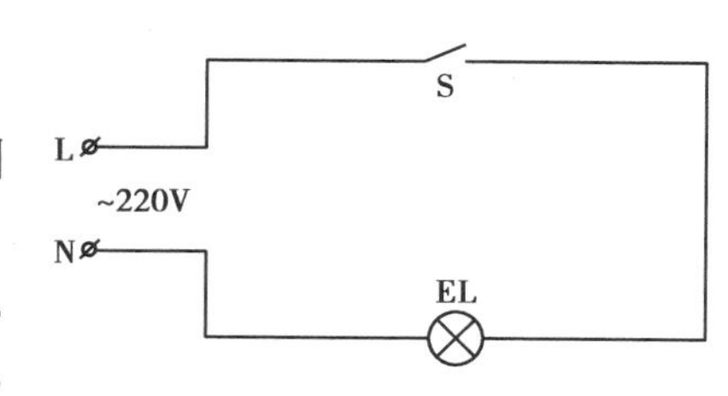

图 2.6　单控照明电路原理图

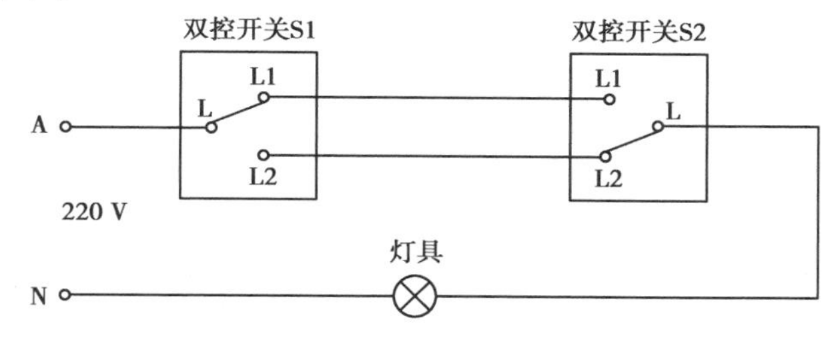

图 2.7　双控照明电路原理图

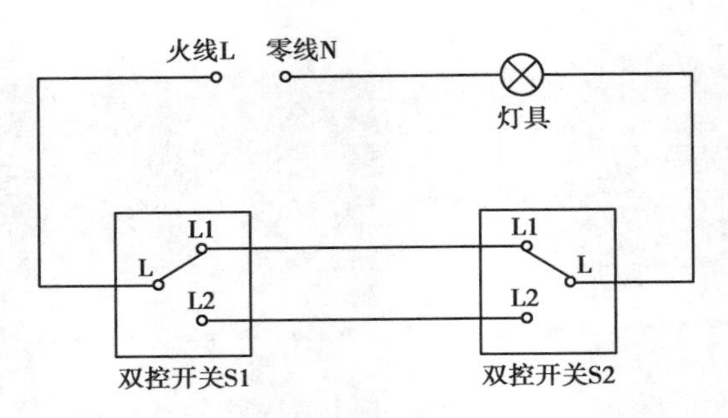

图 2.8　双控照明电路接线图

4. 单控照明电路的安装实训步骤

①规划。先在网孔板上规划好空气开关、灯开关和节能灯的安装位置，尽量做到器件横平竖直、间距均匀美观，如图 2.9 所示。将相关数据记录在表 2.8 中。

图 2.9　规划位置

②布局。将金属导轨、开关底盒固定在网孔板相应的位置上；金属导轨用来安装空气开关，开关底盒用来固定开关面板。器件固定后如图 2.10 所示，将所用器材的有关数据记录于表 2.8 中。

图 2.10　器件固定后

③布线。先确定各类导线的数量,火线2根,零线1根;然后根据器件在网孔板上的位置和导线的走向确定导线的长度,截取导线,注意留取适当的余量;设计导线的走向;再把制作好的导线固定在相应的器件之间,布线要求横平竖直、长线沉底、走线成束、不交叉,如图2.11所示。

图2.11 固定好的导线

④最后连接灯具和开关面板。注意螺口灯座的接法:火线连接在中间电极的接线柱上,零线连接在螺口极的接线柱上。单控开关的接法:动触点和静触点分别连接空气开关的火线出线端和灯座的中间电极。连接好的电路如图2.12所示。

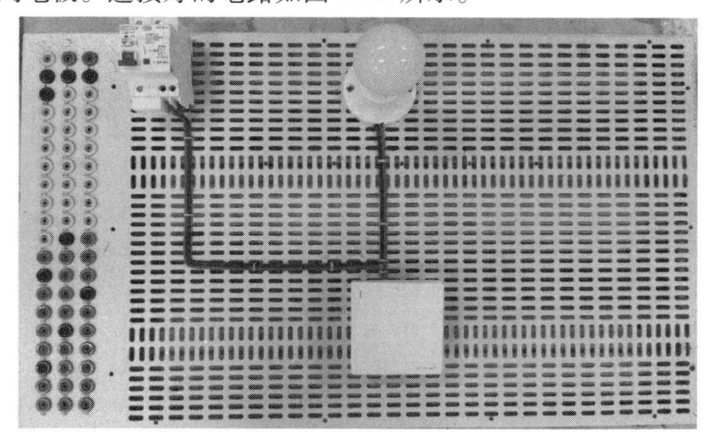

图2.12 接好的电路

⑤通电测试。接通电源,按照分级合闸的原则,先合上空气开关,然后闭合面板开关,观察节能灯的发光情况;断电时与前面相反。将安装数据等记录于表2.8中。

表2.8 单控照明电路安装记录

<table>
<tr><td colspan="2">空气开关/cm</td><td colspan="2">跷板开关</td><td rowspan="2">灯泡功率/W</td><td>灯头规格</td><td colspan="2">所用导线</td><td rowspan="2">开关能否控制节能灯发光</td></tr>
<tr><td>型号</td><td>规格</td><td>宽</td><td>厚</td><td>型号</td><td>线径</td><td>长度/cm</td></tr>
<tr><td></td><td></td><td></td><td></td><td></td><td></td><td></td><td></td><td></td></tr>
</table>

5. 双控照明电路的安装实训步骤

①规划。先在网孔板上规划好空气开关、灯开关和节能灯的安装位置,尽量做到器件横平竖直、间距均匀美观如图 2.13 所示。将相关数据记录在表 2.9 中。

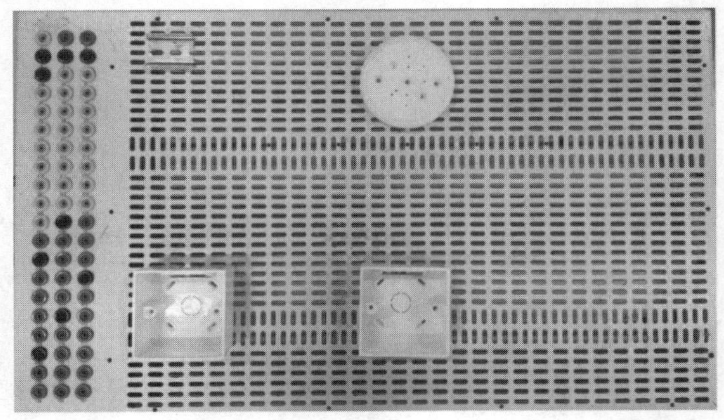

图 2.13　规划位置

②布局。将金属导轨、开关底盒固定在网孔板相应的位置上;金属导轨用来安装空气开关,开关底盒用来固定开关面板。器件固定后如图 2.14 所示,将所用器材的有关数据记录于表 2.9 中。

图 2.14　器件固定后

③布线。先确定各类导线的数量,火线 4 根,零线 1 根;然后根据器件在网孔板上的位置和导线的走向确定导线的长度,截取导线,注意留取适当的余量;接下来设计导线的走向;再把制作好的导线固定在相应的器件之间,布线要求横平竖直、长线沉底、走线成束、不交叉,如图 2.15 所示。

④最后连接灯具和开关面板。注意螺口灯座的接法:火线连接在中间电极的接线柱上,零线连接在螺口极的接线柱上。双控开关的接法:动触点(L)连接空气开关的火线出线端或者灯座的中间电极,静触点(L1、L2)的电极互连。连接好的电路如图 2.16 所示,安装家用配电板,将安装数据记录于表 2.9 中。

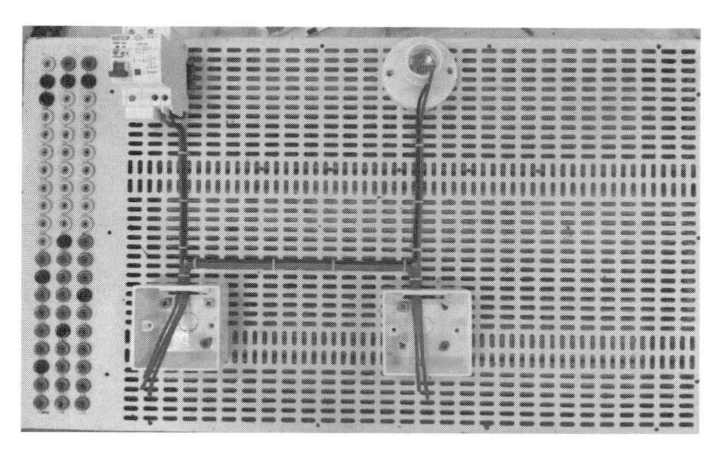

图 2.15　固定好的导线

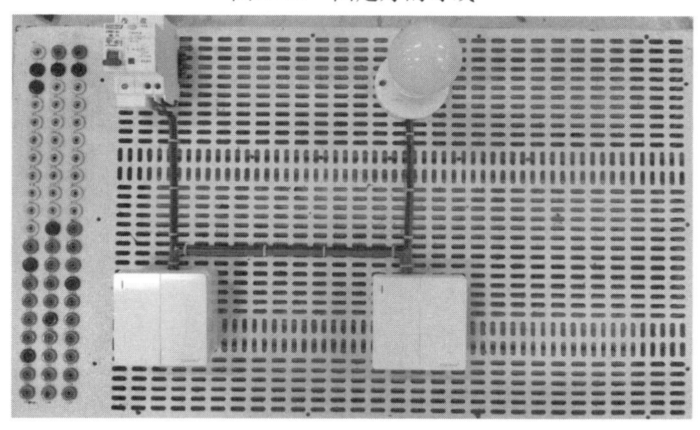

图 2.16　接好的电路

表 2.9　双控照明电路安装记录

空气开关/cm		跷板开关		灯泡功率/W	灯头规格	所用导线	
型号	规格	宽	厚		型号	线径	长度/cm

⑤通电测试。接通电源，按照分级合闸的原则，先合上空气开关，然后分别闭合双控开关，观察节能灯的发光情况；断电时，先断开双控开关，然后断开空气开关。将测试数据等记录于表 2.10 中。

表 2.10　双控照明电路安装记录

双控开关 1 动触点的位置	双控开关 2 动触点的位置	灯具的状态
L1	L1	
L1	L2	
L2	L1	
L2	L2	

6. 成绩评定

成绩评定表

学生姓名________

评定类型	评定内容	得　分
单控灯安装(30 分)	布局合理、工艺合格、通电运行正常 20 分,不合理不合格酌情扣分	
双控灯安装(40 分)	布局合理、工艺合格、通电运行正常 20 分,不合理不合格酌情扣分	
综合测试(20 分)	全部电路通电正常 15 分,不正常不得分	
文明操作(10 分)	服从指挥,爱护工具器材,爱护场地清洁 10 分,未做好的酌情扣分	
总　分		

三、社会实践

1. 家庭电路装修中器材选用的调查与估算

在一套完整住宅配电线路的安装中,除了对线路的布局、用电设备的位置进行设计外,还要根据该家庭用电设备的功率和电压等选择电度表、电线、开关、熔断器和插座等的型号规格。特别是近年的城乡建筑物,完工后多将“清水房”(未经装修的成套住房)交付用户使用。用户接到房屋的首要任务是装修,装修中电路的设计和安装则是住房装修工程中的重要内容之一。现代住房电路装修的要求是安全、耐用、美观和入时。为了达到这些要求,在用电材料型号、规格等的选择上应做到下面三点要求:

①电度表、供电线路、开关、熔电器、插座等的载流量必须满足用电设备的要求。即电线的材质、横截面积、开关、熔断器、插座的导电部分能承受长时间通电运行,其发热后温度不超过允许值。

②电线及器材的耐压等级应符合家庭照明电压的要求。即它们的绝缘层在 220 V 照明电压下能长时间工作而不被击穿。

③线路的机械强度应能满足室内布线的要求,即线路在施工及使用过程中不会被拉断、扭伤等。

在室内布线电路中,电线和其他材料耐压等级的问题不难解决,因目前市场上供应的产品耐压多在 500 V 以上,可直接选购。室内布线对电线机械强度要求更低,因现代家庭的线路安装多用管道在墙体、天棚或地枰下暗装,电线不会受到明显的机械应力,所以不用过多考虑。在家庭电路的安装中,必须认真、仔细地根据家庭用电设备功率测算电线及其他用电器材的载流量,从表 2.11 中查出其规格型号,方能在市场上选购。

表 2.11　500 V 铜芯绝缘导线长期连续负载允许通过的电流

材料	导线截面积 S/mm^2	股数	线芯结构		橡皮	塑料	穿金属管			穿塑料管		
			单芯直径 d/mm	成品外径 $d_{外}/mm$			2 根	3 根	4 根	2 根	3 根	4 根
铜芯	1.0	1	1.3	4.4	21	19	15	14	12	12	11	10
	1.5	1	1.37	4.6	27	24	20	18	17	16	16	13
	2.5	1	1.76	5.0	35	32	28	25	23	23	21	19
	4	1	2.24	5.5	45	42	37	33	30	31	28	24
	6	1	2.73	6.2	58	55	49	43	39	40	36	32
	10	7	1.33	7.8	85	75	68	60	53	55	49	43
	16	7	1.68	8.8	110	105	86	77	69	71	64	56
	25	19	1.28	10.6	145	138	113	100	90	94	84	75
铝芯	2.5	1	1.76	5.0	27	25	21	19	16	18	16	14
	4	1	2.24	5.5	35	32	28	25	23	23	22	19
	6	1	2.73	6.2	45	42	37	34	30	31	27	24
	10	7	1.33	7.8	65	59	52	46	40	41	38	33
	16	7	1.68	8.8	85	80	66	59	52	54	49	43
	25	7	2.11	10.6	110	105	86	76	68	72	64	56

2. 家庭配电主路线、电度表和熔断器容量的选择

统计出该家庭用电设备耗电的千瓦(kW)数,按单相供电中每千瓦的功率对应的电流为4.5 A,从而算出该家庭用电的总电流。在估算中应考虑现代家庭家用电器中电动机的使用情况,家用电器和灯具中,电热器具如电饭煲、电炒锅、电炉、白炽灯等的功率因数可视为1。而电冰箱、空调器、洗衣机、电风扇、吸尘器等的动力机都用电动机,这些单相电机的功率因数在0.8左右,通常按0.8进行估算,其家庭总用电流由如下两部分组成。

①电热器具及白炽灯照明用电电流:

$$\text{电热器具、白炽灯总千瓦数} \times 4.5\ \text{A}$$

②电动器具与荧光照明用电量:

$$\frac{\text{电动器具、荧光灯千瓦数}}{0.8} \times 4.5\ \text{A}$$

上述两项电流的总和为该家庭用电电流总和,应用该数据查表2.11可选择导线规格。也可在市场上直接选购其截流量大于该数据的电度表、开关及熔断器等。

3. 家庭各支路电线、开关、熔断器和插座的选择

家庭支路线指从总开关出线分路后,分别送往客厅、餐厅、厨房、厕所及各卧室的电路。其计算方法与上述总线部分相同。但因这些地方常有较大功率用电器,如客厅、餐厅、卧室有空调,厨房有电冰箱、电饭锅、电炒锅、抽油烟机(或排气扇)等,厕所有浴霸,有的还有洗衣机,在对这些房屋供电线路、开关、熔断器、插座的选择上除了上述公式计算外还应留有一定余量。

实例 设某个家庭用电设备功率统计如下：客厅用电功率为照明灯功率为 500 W，柜式空调器 3P（3×0.736 kW），电视机 150 W，音响 300 W；饭厅照明 100 W；三间卧室每间照明 100 W，1P（1.0×0.736 kW）壁挂式空调一台；厨房内照明 60 W，电饭煲 900 W，微波炉 1 000 W；厕所照明因用电太少，可忽略，浴霸 1 000 W，洗衣机 300 W。试通过计算，确定该家庭用电电度表，主线横截面积、开关、熔断器等的使用规格，再计算各房间所用电线、开关、插座等的规格。

解 本题有两种解答方式，第一种先求整套房屋用电设备总负荷，从而确定其进户主线规格及电度表、开关、熔断器规格。再通过求各房间用电负载计算其电流，确定各房间所用电线、开关、熔断器规格。第二种方式相反，即先计算各房间用电电流，再算全套住房的用电电流，从而确定其电气材料规格。最后计算电度表、主线路电线、总开关、总熔断器规格。下面以第一种方式为例进行计算：

（1）电热与照明设备用电量（含电视机）

客厅 950 W + 饭厅 100 W + 卧室 300 W + 厨房 1 960 W + 浴霸 1 000 W = 4 320 W = 4.32 kW

用电电流为 $I_{总1} = 4.32 \times 4.5\ \text{A} = 19\ \text{A}$

（2）电感类设备用电量

客厅 3×0.376 kW + 卧室 3.0×0.736 kW + 厕所 0.3 kW = 4.7 kW

$$\text{用电电流}\ I_{总2} = \frac{4.7 \times 4.5}{0.8}\ \text{A} = 26\ \text{A}$$

全套住房总电流 $I_{总} = I_{总1} + I_{总2} = 19\ \text{A} + 26\ \text{A} = 45\ \text{A}$

电线的选择：按 3 根导线穿塑料管敷设，查表 2.11 可知：应选择 10 mm^2 的塑料铜芯绝缘线。

电度表、开关、熔断器均可选择额定电流为 60 A 档级的相应器材。

其余各房间所用电气材料的估算方法与此相同。

思考与习题二

1. 怎样正确使用测电笔、螺丝刀和钢丝钳？
2. 怎样使用活络扳手、管子钳和剥线钳？
3. 冲击电钻有“钻”和“锤”两种动作，各在什么场合下使用？
4. 试做如下社会调查：一般家庭通常使用哪些开关和插座？其规格如何？
5. 在家庭装修中，常选用哪些型号、哪些规格的电线？
6. 试简述导线选择的常用原则。
7. 你在家庭、工厂、城市公共场所能见到哪些电光源构成的灯具？它们各有什么特点？
8. 怎样剖削塑料硬线、软线和护套线绝缘层？
9. 怎样对单股芯线进行直线连接和 T 形连接？
10. 怎样对七股芯线进行直线连接和 T 形连接？
11. 怎样用螺丝压接法和平压式接线桩连接导线？
12. 怎样恢复导线绝缘层？

13. 试述白炽灯的电路结构与工作原理。
14. 什么是家用配电箱?
15. 假若要对一套住房进行电气装修,你怎样去选择总空开和回路数量?

实训三　钎焊接技术

一、知识准备

1. 电烙铁的结构、使用及注意事项

(1)电烙铁的结构、外形、规格及特点

电烙铁的结构、外形、规格及特点见表3.1。

表3.1　电烙铁的结构、外形、规格及特点

名　称	外形及结构	特　点	规　格
外热式电烙铁	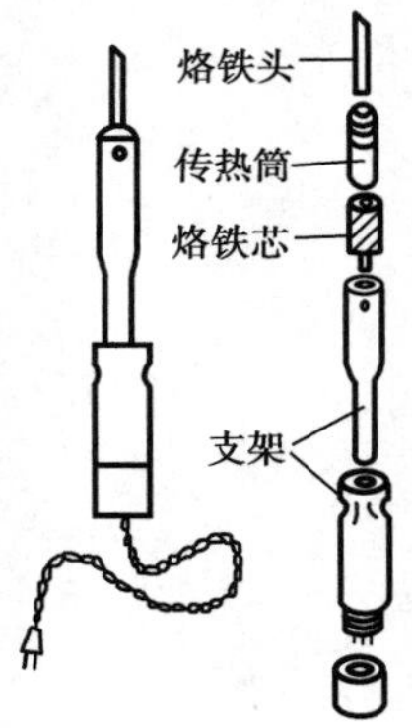	功率越大,烙铁头的温度越高	25 W 45 W 75 W 100 W
内热式电烙铁	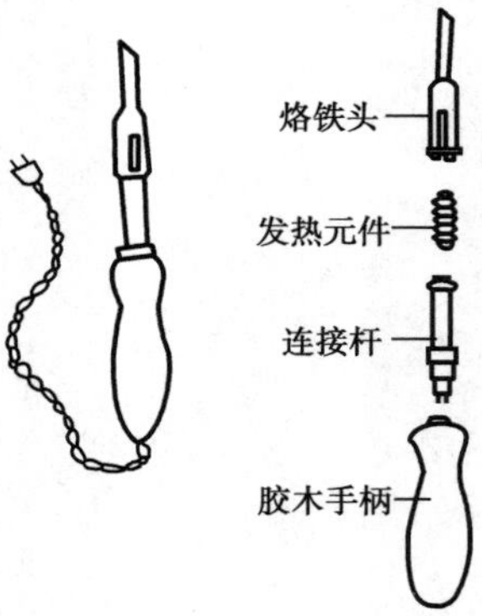	烙铁芯安装在烙铁头里面,因而发热快,热的利用率高。20 W内热式电烙铁相当于40 W左右的外热式电烙铁	20 W 35 W 50 W

续表

名 称	外形及结构	特 点	规 格
恒温烙铁	1—烙铁头;2—软磁金属块;3—加热器;4—永久磁铁;5—磁性开头;6—支架;7—小轴;8—接点;9—接触弹簧	恒温电烙铁头内装有常磁铁式的温度控制,控制通电时间对电烙铁的温度给以限制,使电烙铁达到恒温要求	
焊台	烙铁架 烙铁手柄 航空插座 指示灯 调温旋钮	焊台是一种常用于电子焊接工艺的手动工具,主要由主机、烙铁手柄和烙铁架三部分组成,可以恒温调温	

(2)烙铁头

普通的烙铁头用实心紫铜制成,烙铁头的形状有多种,可以根据不同焊接对象加以选择,也可以根据自己喜好用锉刀加工成其他形状,以方便使用。烙铁头的形状及选用见表3.2。

表3.2 烙铁头的形状及选用

形 状	名 称	使用范围
	尖头	无方向性,整个烙铁头前端均可进行焊接,使用广,无论大小焊点均可适用
	刀头	修正锡桥链接器等焊接
	马蹄头	适合需要多锡量的焊接,焊接面积大,粗端子,焊接点大的焊接环境
	一字型	适合需要多锡量的焊接,焊接面积大,粗端子,焊接点大的焊接环境

(3)电烙铁的使用

1)电烙铁的选用

选用电烙铁时考虑的方面见表3.3。

表 3.3　选用电烙铁时考虑的方面

焊接对象	电烙铁的选用
集成电路、晶体管	20 W 或 30 W 内热式电烙铁
导线、同轴电缆	45 ~ 75 W 外热式电烙铁或 50 W 内热式电烙铁
较大的元器件(行输出变压器的引脚,大电解电容器的引脚,金属底盘接地焊片)	100 W 以上的电烙铁

2)新烙铁使用前的处理

一把新烙铁不能拿来马上使用,必须对烙铁头进行处理后才能正常使用,即使用前必须镀锡。具体方法是:先把烙铁头按需要锉成一定的形状,然后接上电源,当烙铁头温度升至能熔锡时,将松香涂在烙铁头上,等松香冒烟后再涂上一层焊锡,反复进行 2 ~ 3 次,使烙铁头的刃面全部挂上一层锡便可以使用。

(4)电烙铁在使用时的注意事项

①使用之前应检查电源电压与电烙铁的额定电压是否相符,一般为 220 V,检查电源和接地线是否相符,不要接错。

②电烙铁不能在易爆场所或腐蚀性气体中使用。

③电烙铁在使用时一般用松香做焊剂,在焊接金属铁等物质时,可用焊锡膏焊接。

④如果焊接中发现烙铁头氧化不易粘锡时,可将烙铁头用锉刀去氧化层,切勿浸入酸液中以免腐蚀烙铁头。

⑤焊接电子元器件时,最好选用低温焊丝,焊接场效应管时,应将电烙铁电源插头拔下,利用余热焊接,以免损坏管子。

⑥使用外热式电烙铁还要经常将烙铁头取下,消除氧化层,避免造成铜头烧死。

⑦电烙铁通电后不能敲击,避免缩短使用寿命。

⑧电烙铁使用完毕,应拨下插头,待冷却后置干燥处,以免受潮漏电。

(5)焊台的使用

焊台示意图如图 3.1 所示,由主机和烙铁手柄两大部分组成,使用方法与内热式电烙铁稍有区别,具体步骤如下所述。

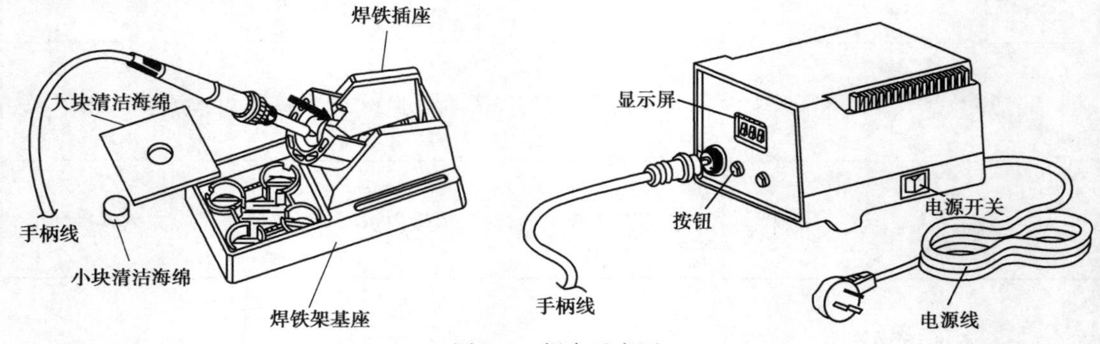

图 3.1　焊台示意图

①将烙铁手柄连接到主机插座上,对准定位槽插入,按顺时针方向拧紧,如图 3.2 所示。

②将烙铁置放在焊铁架,如图 3.3 所示。

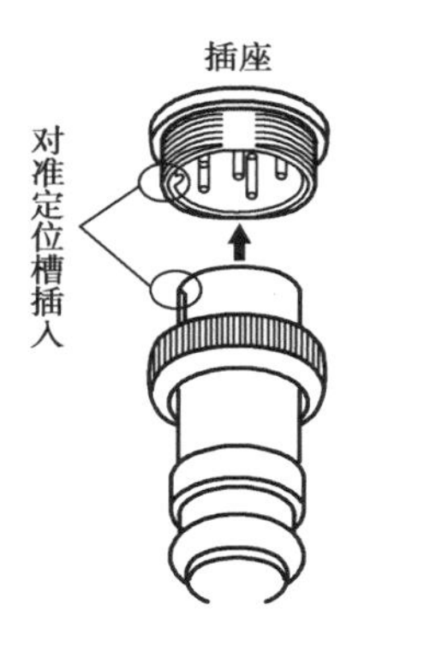

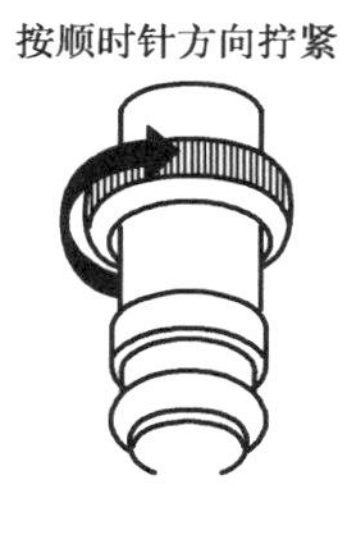

图 3.2　焊台手柄连接示意图

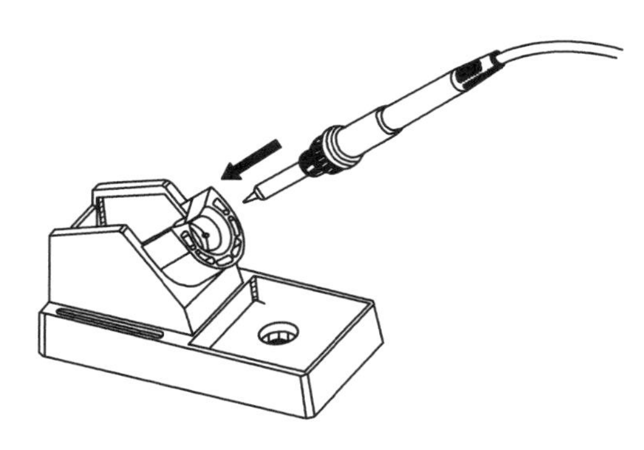

图 3.3　焊铁架

③将电源线插头插入电源插座(切记要接地),并打开电源开关。

④调节温度旋钮,当温度没有达到预定值时,数字一直跳动,预热一段时间,温度达到预定值,开始焊接。

⑤在焊接过程中焊台的温度可以调节,温度 300 ~ 400 ℃为宜。

⑥焊接过程中,先将烙铁头搪锡,再加热焊点,同时给进焊锡,待焊锡充分融化后烙铁头离开焊点,适当使用助焊剂可以提高焊接质量与效率。

⑦烙铁头有杂物应及时清理。

2. 焊料与焊剂的选用

焊料与焊剂的选用见表 3.4。

表 3.4　焊料与焊剂的选用

<table>
<tr><th colspan="3">焊　料</th><th colspan="2">焊　剂</th></tr>
<tr><td>有铅焊锡丝</td><td>以含锡 45% 和 63% 居多,熔点低,焊接需要的温度也相对较低,电性能和机械强度好,可以保证元件在高温热冲击和振动环境下的稳定性</td><td rowspan="2">按照焊锡丝的直径可分为 0.2、0.3、0.4、0.5、0.6、0.8、1.0、1.2 mm 等规格,根据焊接对象的不同选择合适的线径,常用的是 0.5 和 0.8 mm焊锡丝</td><td>松香</td><td>在常温下,松香呈中性且很稳定,加温至 70 ℃以上,松香就表现出能消除金属表面氧化物的化学活性。焊剂可增强焊料的流动性,并具有良好的去表面氧化层的特性</td></tr>
<tr><td>无铅焊锡丝</td><td>含锡达 99% 以上,熔点高,焊接需要的温度也相对较高,具有环保、安全和可靠的特点</td><td>助焊膏</td><td>在焊接过程中去除氧化物与降低被焊接材质的表面张力,广泛应用于钟表仪器、精密部件、医疗器械、不锈钢工艺品、餐具、移动通信、数码产品、空调和冰箱制冷设备、眼镜、刀具、汽车散热器及各类 PCB 板和 BGA 锡球的钎焊</td></tr>
</table>

3. 电子元器件在印刷板上的安装方法

(1)一般焊件安装方法

一般焊件主要指阻容元器件、二极管等。通常有立式和卧式两种方法,如图 3.4 所示。它有加套管和不加套管、加衬垫和不加衬垫之分。

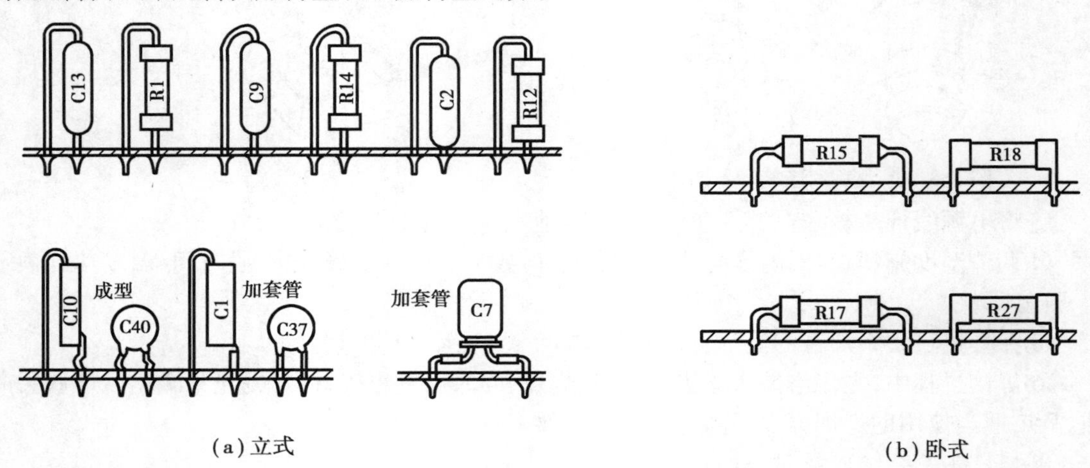

图 3.4　立式和卧式安装法

(2)小功率晶体管的安装

小功率管安装方法如图 3.5(a)所示。小功率管在印刷电路板上的安装有正装、倒装、卧装、横装及加衬垫装等方式,如图 3.5(b)所示。

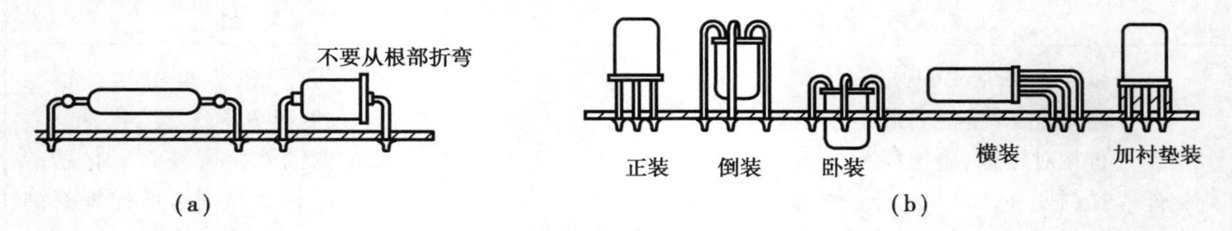

图 3.5　小功率晶体管的安装

(3)集成电路的安装

常见集成电路在印刷电路板上的安装如图 3.6 所示。

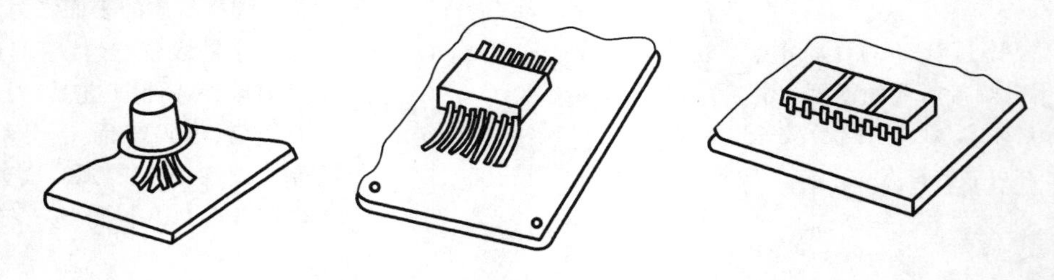

图 3.6　集成电路的安装

(4)导线的安装

印刷电路板上的元器件之间,某些元器件与电路之间常用导线连接,导线在印刷电路板上的安装方式如图 3.7 所示。

 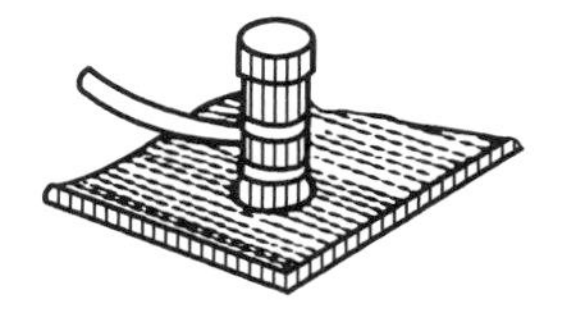 

图 3.7　印制板上导线的安装

4. 焊接要领

(1)电烙铁的握法

为了使待焊接件焊接牢固,又不烫伤待焊件周围元器件及导线,视待焊件的位置、大小及电烙铁的规格大小,适当地选择电烙铁的握法是很重要的。电烙铁的握法可分为 3 种,见表 3.5。

表 3.5　电烙铁的握法

电烙铁的握法	图　示	适用范围
笔握法	(a)	此法适用于小功率的电烙铁,焊接散热量小的被焊件和印刷电路板
正握法	(b)	用五指把电烙铁的柄握在掌内,此方法适用于大功率的电烙铁,焊接散热量较大的被焊件
反握法	(c)	此法适用的电烙铁较大,但为弯形烙铁头

(2)焊锡丝的拿法

将焊锡丝拉直,并截成 1/3 m 左右的长度。焊锡丝的拿法如图 3.8 所示。

(3)焊接面的清洁和搪锡

清洁焊接面的工具,可用砂纸(布),也可废锯条做成刮刀,焊接前应先清除焊接面的绝缘

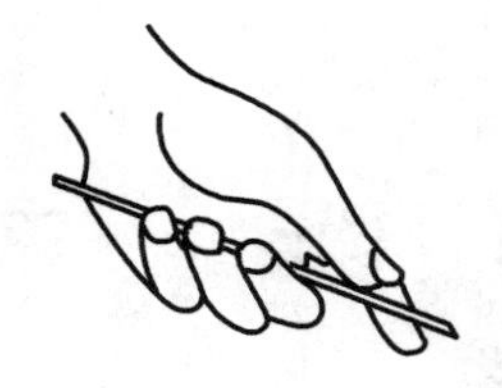
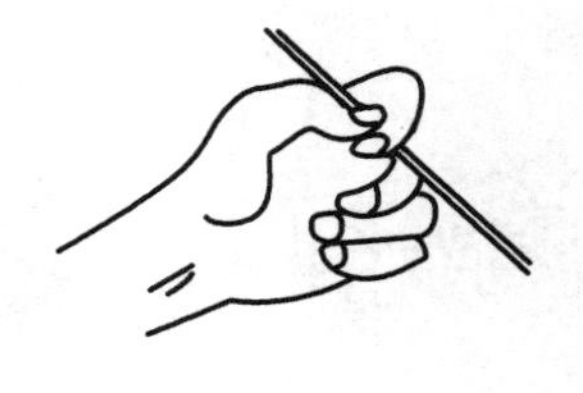

图 3.8　焊锡丝的拿法

层、氧化层及污物，直到完全露出紫铜表面，其表面上不留一点污物为止，有些镀金、镀银成镀锡的基材，不能把镀层刮掉，只能用粗橡皮擦去表面污物，焊接面清洁出来后，应尽快搪锡，以免表面重新氧化。

注意：焊台的烙铁头不可用砂纸（布）、刮刀等硬物清除，只能用吸水的清洁海绵进行清洁。

焊面的清洁和搪锡是确保焊锡质量，避免虚焊、假焊的关键。

（4）正确的焊接方法

正确的焊接方法应该是五步法（表 3.6）。

表 3.6　焊接五步法

要　点	内　容	图　示	注意事项
准备施焊	准备好焊锡丝和烙铁，将电烙铁加热到工作温度，一手拿烙铁，一手拿焊锡丝，烙铁和焊锡丝同时移向焊点	准备	烙铁头部要保持干净，即可以沾上锡（俗称吃锡）
加热焊件	将烙铁头接触焊接点，送上的焊锡丝与元件焊点部位接触，熔化焊点。送锡量要合适	加热	①保持烙铁均匀加热焊件各部分，例如印刷板上引线和焊盘都使之受热 ②让烙铁头的扁平部分（较大部分）接触热容量较大的焊件，烙铁头的侧面或边缘部分接触热容量较小的焊件，以保持焊件均匀受热
熔化焊料	当焊件加热到能熔化焊料的温度后将焊丝置于焊点，焊料开始熔化并浸润焊点	送锡	把握好烙铁头的温度
移开焊锡	当熔化一定量的焊锡后将焊锡丝移开	撤锡	焊锡量要适中，不能太少，也不能太多

续表

要　点	内　容	图　示	注意事项
移开烙铁	当焊锡完全润湿后移开烙铁	撤电烙铁	移开烙铁的方向应该是大致45°的方向

上述过程,对一般焊点而言大约2～3 s。

对于热容量较小的焊点,例如印刷电路板上的小焊盘,有时用三步法概括操作方法,即将上述步骤要点中的2,3点合为一步,4,5点合为一步。实际上细微区分还是五步,所以五步法具有普遍性,是掌握手工烙铁焊接的基本方法。特别是各步骤之间停留的时间,对保证焊接质量至关重要,只有通过实践才能逐步掌握。

(5)检查焊点质量

焊接结束后,为了保证焊接质量,一般要进行质量检查。由于焊接检查与其他生产工序不同,没有一种机械化、自动化的检查测量方法,因此主要是通过目视检查和手触检查发现问题,见表3.7。

表3.7　焊接质量的检查

焊　点	图　示	特点及原因
合格焊点	45°	焊接点的表面应该光滑,焊接盘全部焊接,焊锡饱满,但不适宜过多
焊锡过多	焊料量多	浪费焊料,且包藏缺陷
焊锡过少	焊料量少	焊锡用量太少,电路的机械强度不合格的焊接点

续表

焊　点	图　示	特点及原因
虚焊	虚焊	造成原因是元件引脚氧化、元件引脚在焊接时加热温度不够、没有加助焊剂、焊接没有冷却就振动了印刷板
拉尖	拉尖	造成原因是电烙铁的移开方向不正确，缺少助焊剂、焊锡熔点温度较高
桥接	桥接	桥接是不同焊接盘之间被焊锡短接在一起。桥接等电位点不影响电路的工作，但是桥接的焊盘不是等电位点的焊接盘，将导致电路不能够正常工作。造成桥接的原因是焊锡用量过多，或者电烙铁在焊接时在两焊盘之间错误连接了一下

5. 拆焊

在装配与修理过程中，有时需要将已经焊接的连线或元器件拆除，这个过程就是拆焊。在使用操作上，拆焊比焊接难度更大，更需要用恰当的方法和必要的工具，才不会损坏元器件或破坏原焊点。

(1)拆焊工具

拆焊工具见表3.8。

表3.8　拆焊工具

拆焊工具	图　示	特　点	说　明
吸锡器	吸锡器活塞按钮 吸锡器回弹按钮 吸锡器外壳 吸锡器 吸锡咀	吸锡器是用来吸取焊点上存锡的一种工具	利用吸气筒内的压缩弹簧的张力，推动活塞向后运动，在吸口部位形成负压，将熔化的锡液吸入管内

续表

拆焊工具	图示	特点	说明
吸锡带		用于比较大的贴片元件，以及电路板上多余的焊锡	把烙铁放在吸锡带上，然后在焊盘上缓缓移动，等焊锡熔化后就会被吸锡带吸起，吸尽多余的锡
捅针	手柄 空心针头	一般用 4 ~ 18 号注射用空针改制，样式与排锡管相同	在拆除多引脚元件时，需用电烙铁加热，并用捅针将元件引脚与焊盘分离。一般 9 号针头可以拆电阻、电容、二极管、三极管和电感等电子元件，12 号针头一般可用来拆中、大功率三极管的引脚，16 号和 18 号针头可以用来拆变压器引脚

(2)一般焊接点的拆除

对于钩焊、搭焊和插焊的一般焊接点，拆焊比较简单，只需用电烙铁对焊点加热，熔化焊锡，然后用镊子或尖嘴钳拆下元器件引线。对于网焊，由于在焊点上连线缠绕牢固，拆卸比较困难，往往容易烫坏元器件或导线绝缘层。在拆除网焊焊点时，一般可在离焊点约 10 mm 处将欲拆元件引线剪断，然后再拆除网焊线头。这样至少可保证不会将元器件或引线绝缘层烫坏。

(3)印刷线路板上焊接元件的拆焊

对印刷线路板上焊接元件的拆焊，与焊接一样，动作要快，对焊盘加热时间要短，否则将烫坏元器件或导致印刷线路板铜箔起泡剥离。根据被拆除对象的不同，常用的拆焊方法有分点拆焊法、集中拆焊法和间断加热拆焊法三种，见表 3.9。

表 3.9 拆焊的三种方法

拆焊法	适宜范围	具体方法
分点拆焊法	印刷线路板上的电阻、电容、普通电感、连接导线等，只有两个焊点，可用分点拆焊法	先拆除一端焊接点的引线，再拆除另一端焊接点的引线并将元件(或导线)取出
集中拆焊法	集成电路、中频变压器、多引线接插件等的焊点多而密，转换开关、晶体管及立式装置的元件等的焊点距离很近。对上述元器件可采用集中拆焊法	先用电烙铁和吸锡工具，逐个将焊接点上的焊锡吸去，再用排锡管将元器件引线逐个与焊盘分离，最后将元器件拔下
间断加热拆焊法	对于有塑料骨架的元器件，如中频变压器、线圈、行输出变压器等，它们的骨架不耐高温，且引线多而密集，宜采用间断加热拆焊法	先用电烙铁加热，吸去焊接点焊锡，露出元器件引线轮廓，再用镊子或捅针挑开焊盘与引线间的残留焊料，最后用烙铁头对引线未挑开的个别焊接点加热，待焊锡熔化时，趁热拔下元器件

6. 波峰焊

由于电子组件朝着轻、薄、小的方向快速发展,为焊接工艺提出了一系列的难题。为了进一步提高焊接质量,克服焊接中存在的短路、桥接、焊球和漏焊等缺陷,提高产品质量,满足市场需求,电子制造业的各个厂家围绕焊接工艺展开了激烈的竞争。

波峰焊是最近几年来发展较快的一种新型焊接方法。其原理是:溶化的焊锡在机械泵的作用下,由喷流嘴源源不断地流出而形成波峰,当组装待焊件与波峰接触时,使焊锡附着在待焊见的焊盘上,从而达到焊接的目的,其工艺流程如图 3.9 所示。

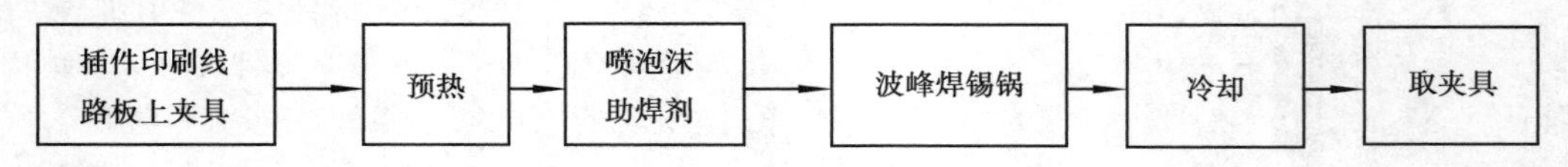

图 3.9　波峰焊工艺流程框图

波峰焊的锡锅里有液态锡的泵,如图 3.10 所示,它通过喷嘴造成一定形状的波峰。

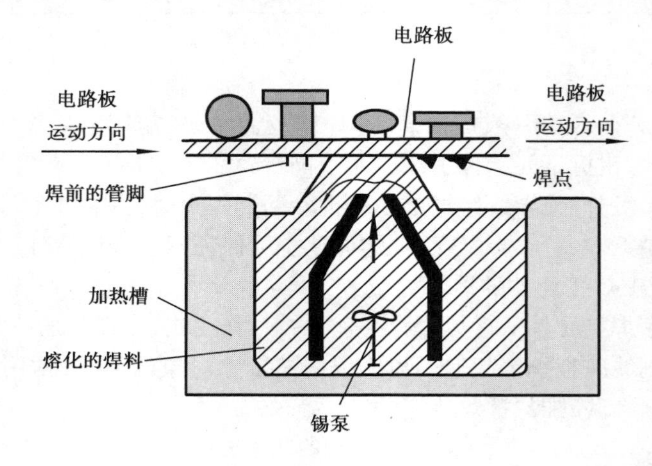

图 3.10　波峰焊示意图

波峰焊的液态焊锡表面均被一层氧化层所覆盖,锡波的表面除边沿区域以外,均被一层氧化层所覆盖。当靠近的印刷板接触到锡波的入波点 A 时(图 3.11),氧化皮破裂,并被推走,这样造成的焊渣最少。在焊点离开波峰时,有的波峰焊接机还要采用空气流形成的空气刀来消除桥接和毛刺。另外,波峰焊中,波峰的稳定性、焊锡的温度和化学成分、焊接的时间、角度等任何一个指标都会影响焊接的质量。

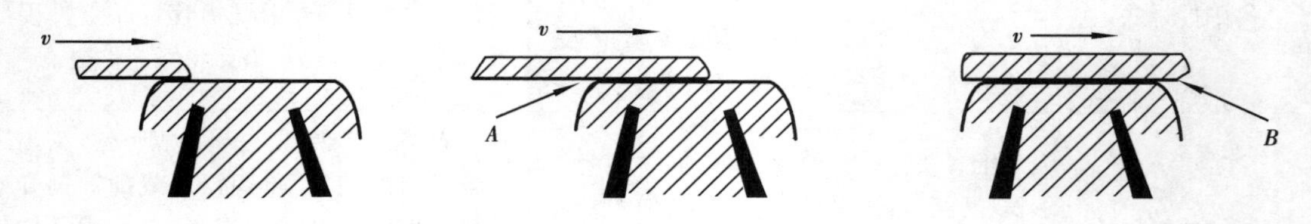

图 3.11　波峰焊中焊件浸波峰的过程

在波峰焊中,常用油做为添加剂,油膜在液态锡表面形成一种防氧化层,且能吸收并带走任何方式形成的氧化物。

波峰焊的特点是,利用焊锡的波峰进行焊接,这样可以避免氧化物和其他污物混在焊盘中,从而提高焊接质量,并且焊接效率相当高。

在波峰焊中,对于一些大体积元器件,如电视机中的行输出等,用波峰焊以后,必须再用大功率电烙铁进行手工补焊。

二、技能实训

1. 实训内容

电烙铁焊接工艺。

2. 实训目的

(1)学会电烙铁的使用
(2)电烙铁的检测
(3)烙铁头的更换方法
(4)焊点练习
(5)元器件的焊接及拆焊
(6)印刷电路板的设计与制作

3. 实训器材

(1)普通电烙铁、吸锡电烙铁、吸锡器、针头
(2)电工工具一套
(3)万用表
(4)焊接用万能板
(5)焊接用元器件

4. 实训步骤

(1)电烙铁使用前的检查

用万用表电阻挡测量电烙铁插头的电阻值约为 1 kΩ 左右,说明电烙铁正常,即可给电烙铁搪锡。如果电阻值为无穷大,则说明电烙铁芯或者电烙铁的电源线断路,需更换。

(2)更换电烙铁芯

如果电烙铁芯损坏需更换,则需要按照一定的步骤来拆卸电烙铁,需要先将电烙铁手柄上的螺丝松开,再旋出手柄,然后更换电烙铁芯。

(3)焊点练习

用万能板焊接元器件,并进行安装及整形工艺的练习,同时对已经焊好的元器件用拆焊工具作拆焊练习。

(4)其他焊接练习

学生可以根据自己的爱好,选择漆包线焊接几何图形,如正方形、正方体、三角形、三角体、圆锥体或者轮船、坦克、飞机、大炮等图形。

(5)焊台的烙铁头和发热元件的更换方法

烙铁手柄内部结构如图 3. 12 所示,根据焊接对象不同可选择合适烙铁头,其更换步骤如下:

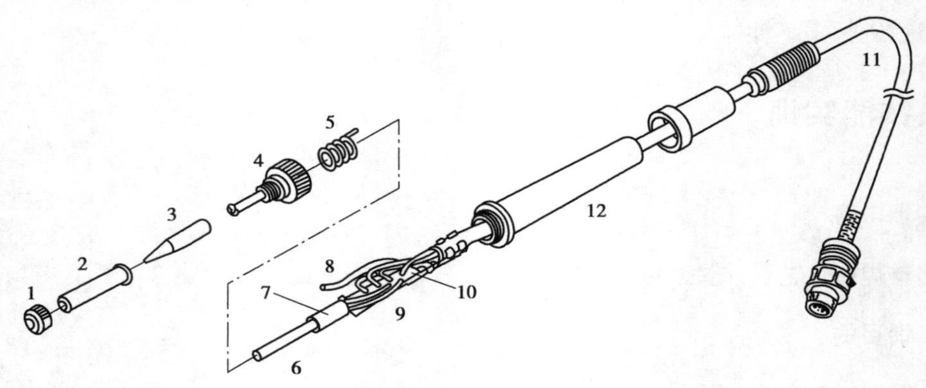

图 3. 12　烙铁手柄内部结构图

①向逆时针方向扭开螺帽 1,取出烙铁头护套 2 和烙铁头 3。

②更换烙铁头。

③装上烙铁头护套。

④向顺时针方向扭紧螺帽。

烙铁手柄发热元件更换步骤如下:

①向逆时针方向扭开螺帽 1,取出烙铁头护套 2 和烙铁头 3。

②向逆时针方向扭套头 4,从烙铁中拉出套头。

③从手柄 12 中取出发热元件 6 和电线 11(向着烙铁头方向拉出)。

④从 D 形套中拉出接地弹簧 5。

⑤更换发热元件。

⑥安装顺序相反。

准备电阻和电容各 10 支,焊点 20 个,并将焊接成绩填入表 3. 10 中。

表 3. 10　焊接结果

序　号	焊点 1	焊点 2	元件成绩	序　号	焊点 1	焊点 2	元件成绩
R1				C1			
R2				C2			
R3				C3			
R4				C4			
R5				C5			
R6				C6			
R7				C7			
R8				C8			
R9				C9			
R10				C10			

利用废旧电路板进行拆焊练习,并将结果填入表3.11中。

表3.11　拆焊练习结果

训练种类	焊接元件的材料	拆焊工具	焊点数	是否损坏铜箔或元件	质量检查
分立元件					
集成电路					

5. **成绩评定**

成绩评定表

学生姓名____________

评定类别		评定内容	得　分
实训态度(10分)		态度好、认真10分,较好7分,差0分	
仪器仪表、工具的使用(10分)		正确10分,有不当行为酌情扣分	
实训器材安全(10分)		电烙铁损坏扣5分,万用表损坏扣5分,丢失元件一个扣一分,扣完为止	
实训步骤	电烙铁的拆装、阻值检测、故障的判断、更换烙铁芯(10分)	正确10分,错误0分	
	100个焊点(10分)	工艺、焊点好10分,否则酌情扣分	
	10个元器件拆焊(10分)	损坏元器件焊点酌情扣分	
	几何图形焊接(10分)	酌情给分	
	稳压电源印刷电路图制作(20分)	印刷电路图制作完成质量好20分,否则酌情扣分	
	完成时间(10分)	在规定时间内完成10分,延迟时间酌情扣分	
总　分			

思考与习题三

1. 电烙铁有哪些类型？各有什么特点？适应什么场合？
2. 新电烙铁怎样搪锡？
3. 电烙铁使用时应注意哪些问题？
4. 烙铁头的形状对焊接有何影响？
5. 如何正确焊接元器件？

实训四　常用电工仪表

一、知识准备

电工测量是电工实验与实训中不可缺少的一个重要组成部分,它的主要任务是借助各种电工仪器仪表,对电器设备或电路的各种物理量进行测量,以便了解和掌握电气设备的特性和运行情况,检查电气元器件的质量情况。由此可见,正确掌握电工仪器仪表的使用是十分必要的。

在电工技术中,测量的电量主要有电流、电压、电阻、电能、电功率和功率因数等,测量这些电量所用的仪器仪表,统称为电工仪表。

尽管电工仪表种类非常多,但指示仪表是应用最广和最常见的一种电工仪表。指示仪表的特点是把被测量电量转换为驱动仪表可动部分的角位移,根据可动部分的指针在标尺刻度上的位置,直接读出被测量的数值。指示仪表的优点是测量迅速,可直接读数。随着技术发展和实际需求,数字式仪表应用也越来越广泛。

1. 数字万用表使用方法

数字式万用表具有精确度高、显示直观清晰、测试功能齐全、便于携带、价格适中等特点。图 4. 1 所示为数字万用表的外形及面板结构。

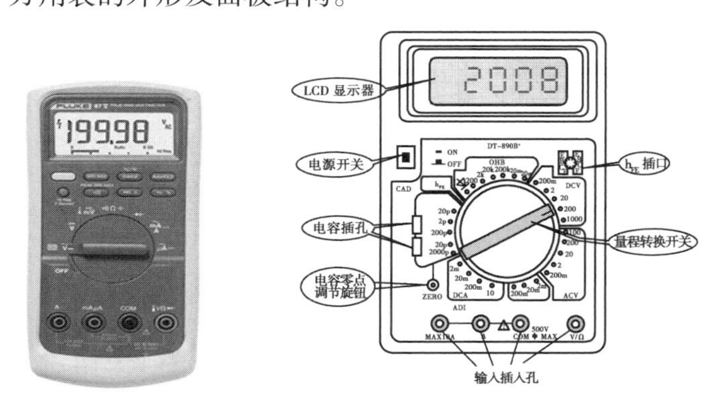

图 4. 1　数字万用表的外形及面板结构

(1)测量范围

数字万用表是性能稳定、可靠性高且具有高度防震的多功能、多量程测量仪表。它可用于测量交直流电压、交直流电流、电阻、电容、二极管和音频信号频率等。

(2)使用前的检查及注意事项

①将电源开关置于"ON"状态,显示器应有数字或符号显示。若显示器出现低电压符号,应立即更换内置的 9 V 电池。现在也有部分数字万用表采用两节 1. 5 V 电池供电。

②表笔插孔旁的⚠符号，表示测量时输入电流、电压不得超过量程规定值，否则将损坏内部测量线路。

③测量前旋转开关应置于所需量程。测量交直流电压、交直流电流时，若不知被测数值的高低，可将转换开关置于最大量程挡，在测量中按需要逐步下降。

④显示器只显示“1”，表示量程选择偏小，转换开关应置于更高量程。与此类似，部分万用表显示器显示“OL”，是英文“OVER LOAD”的缩写，意思是过载，代表超出量程范围。

⑤在高压线路上测量电流、电压时，应注意人身安全。当转换开关置于“Ω”“⊳|”范围时，不得引入电压。

(3)基本使用方法

数字万用表的型号很多，但是使用方法基本相同。下面主要介绍 DT-890B⁺ 系列数字万用表，其操作方法见表 4.1。

表 4.1　数字万用表的操作方法

被测量	操作步骤	图　示	注意事项
测直流电压	①将黑表笔插入 COM 插孔，红表笔插入 V/Ω 插孔； ②将功能转换开关置于“V ⎓”选择合适的量程； ③表笔与被测电路并联，红表笔接被测电路高电位端，黑表笔接被测电路低电位端	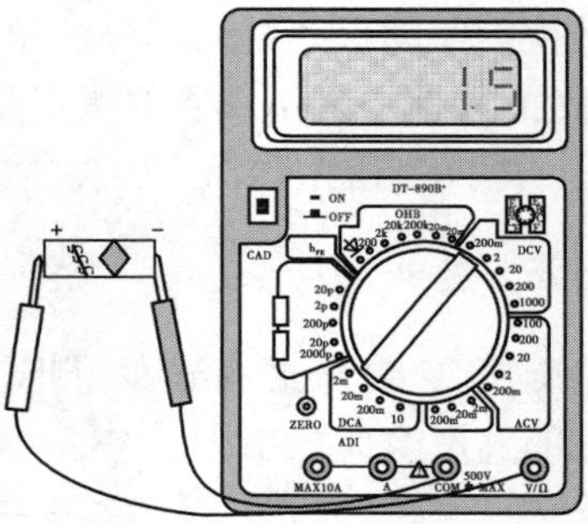	该仪表不得用于测量高于 1 000 V 的直流电压
测交流电压	①表笔插法同“直流电压的测量”； ②将转换开关置于“V ~”范围的合适量程； ③测量时表笔与被测电路并联且红、黑表笔不分极性	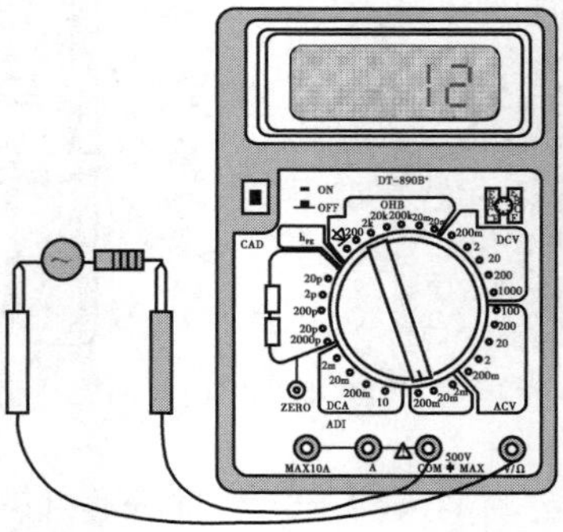	该仪表不得用于测量高于 700 V 的交流电压

续表

被测量	操作步骤	图　示	注意事项
测直流电流	①将黑表笔插入 COM 插孔，测量最大值不超过 200 mA 电流时，红表笔插“mA”插孔；测 200 mA ~ 20 A 范围电流时，红表笔应插“20 A”插孔； ②将转换开关置于“A ⎓”范围的合适量程； ③将该仪表串入被测线路且红表笔接高电位端，黑表笔接低电位端	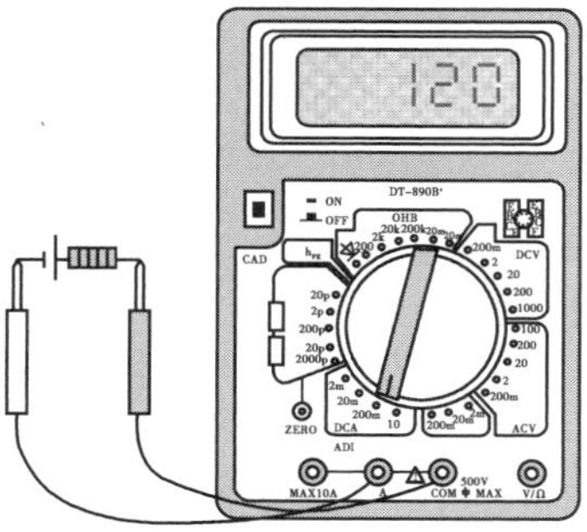	①如果量程选择不对，过量程电流会烧坏保险丝，应及时更换； ②最大测试电压降为 200 mV
测交流电流	①表笔插法同“直流电流的测量”； ②将转换开关置于“A ~”范围的合适量程； ③测量时表笔与被测电路串联且红、黑表笔不分极性	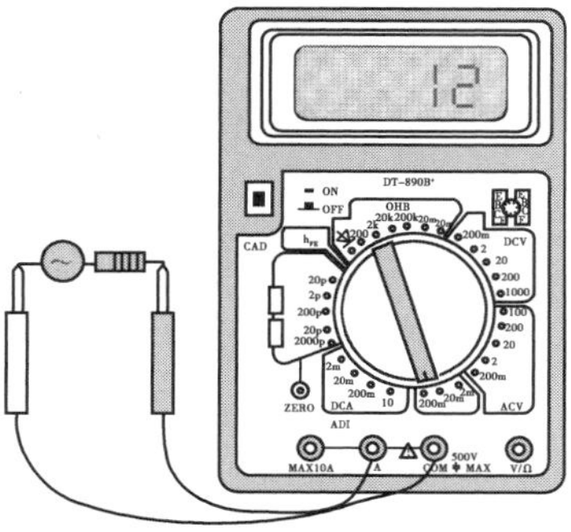	同“直流电流的测量”
测电阻	①将黑表笔插入 COM 插孔，红表笔插入 V/Ω 插孔； ②将转换开关置于“Ω”范围的合适量程； ③仪表与被测电阻并联	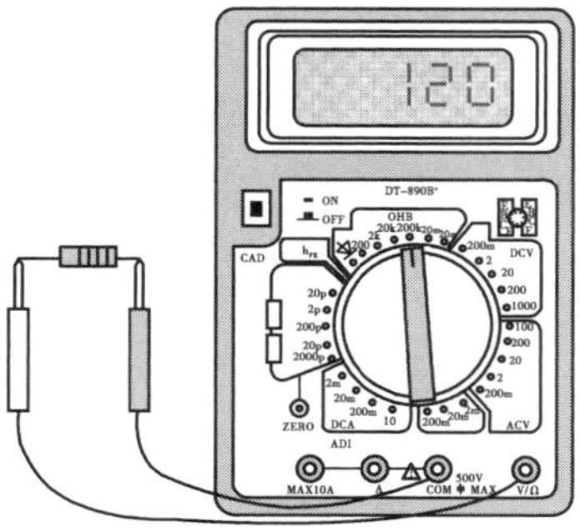	①所测电阻的值直接按所选量程及单位读数； ②测量阻值大于 1 MΩ 的电阻时，要几秒后方能稳定，属正常现象； ③表笔开路状态显示为“1”； ④测量接在电路中的电阻时，需断开电阻的一端或断开与被测电阻相并联的所有电路，还必须断开电源

续表

被测量	操作步骤	图　示	注意事项
测电容	①将转换开关置于“F”范围的合适量程； ②将待测电容两脚插入CX插孔即可读数		①在电容插入前，每次转换量程时需要时间，有漂移数字存在不影响测量精度； ②测量大容量电容时，需要一定的时间方能使读数稳定，属正常现象； ③不需考虑电容器的极性
测二极管电阻	①将黑表笔插入COM插孔，红表笔插入V/Ω插孔； ②将转换开关置于“⊳⊢”位置； ③红表笔接二极管正极，黑表笔接其负极即可测二极管正向导通时的电阻近似值		
测三极管h_{FE}	①将转换开关置于“h_{FE}”位置； ②将已知PNP或NPN型晶体管的三只引出脚分别插入仪表面板右上方的对应插孔，显示器将显示出h_{FE}的近似值		测试条件为： $I_B = 10$ mA $U_{CE} = 2.8$ V

2. 机械式万用表的使用方法

MF47型万用表体积小巧、重量轻、便于携带，设计制造精密，测量准确度高，价格偏低且使用寿命长，所以受到了使用者的普遍欢迎。

(1)基本结构

MF47型万用表外形如图4.2所示。

1)MF47型万用表面板结构及测量范围

MF47万用表面板结构：面板上部是表头指针、表盘，表盘下方正中是机械调零旋钮，表盘下方是转换开关(图4.3)、零欧姆调整旋钮和各种功能的插孔。转换开关大旋钮位于面板下部正中,周围标有该万用表测量功能及其量程。转换开关左上角是测PNP和NPN型三极管的插孔,左下角有“+”和“-”的插孔分别为红、黑表笔插孔。大旋钮右上角为零欧姆调整旋钮,它的右下角从上到下分别是2 500 V交、直流电压和5 A直流测量专用红表笔插孔。

MF47型万用表转换开关可拨动24个挡位,其测量项目、量程及精度表示方法见表4.2。

图4.2　MF47型万用表外形

图4.3　MF47型万用表转换开关

表4.2　MF47型万用表技术规范

测量项目	量　程	精　度
直流电流	0～0.05 mA～0.5 mA～5 mA～50 mA～500 mA～5 A	2.5
直流电压	0～0.25 V～1 V～2.5 V～10 V～50 V～250 V～500 V～1 000 V～2 500 V	2.5 5
直交流电压	0 V～10 V～50 V～250 V(45～60～500 Hz) ～500 V～1 000 V～2 500 V(45～65 Hz)	5
直流电阻	$R\times1$,$R\times10$,$R\times100$,$R\times1$ k,$R\times10$ k	2.5 10
音频电平	-10～+2 dB	
晶体管直流电流放大系数	0～300h_{FE}	
电感	20～1 000 H	
电容	0.001～0.3 μF	

2)表头与表盘

表头是一只高灵敏度的磁电式直流电流表,有“万用表心脏”之称,万用表的主要性能指标取决于表头的性能。

表盘除了有与各种测量项目相对应的6条标度尺外,还有各种符号。正确识读刻度标尺和理解表盘符号、字母、数字的含义,是使用万用表的基础,如图4.4所示。

图4.4 MF47型万用表表盘

MF47型万用表表盘有6条标度尺:最上面的是电阻刻度标尺,用“Ω”表示;第二条从上到下依次是直流电压、交流电压及直流电流共享刻度标尺,用“V”和“mA”表示;第三条是测晶体管共发射极直流电流放大系数刻度标尺,用“h_{FE}”来表示;第四条是测电容容量刻度标尺,用“C(μF)50 Hz”表示;第五条是测电感量刻度标尺,用“L(H)50 Hz”表示;最后一条是测音频电平刻度标尺,用“dB”表示。刻度标尺上装有反光镜,以利于消除视觉误差。

MF47型万用表表盘符号、字母和数字的含义见表4.3。

表4.3 MF47型万用表表盘符号、字母和数字的含义

符号、字母、数字	意 义
MF47	M—仪表,F—多用式,47—型号
⎓2.5 ~5.0	测量直流电压、直流电流时精确度是标尺满刻度偏转的2.5% 测量交流电压时精确度是标尺满刻度偏转的5%
⊓	水平放置
(磁电系整流式符号)	磁电系整流式仪表
☆6	绝缘强度试压6 kV
苏01000121-1	江苏省仪表生产批准文号

续表

符号、字母、数字	意 义
20 kΩ/V	测量直流电压时输入电阻为每伏 20 kΩ，相应灵敏度为 1 V/20 kΩ = 50 μA
4 kΩ/ ~ V	测量交流电压时输入电阻为每伏 4 kΩ，相应灵敏度为 1 V/4 kΩ = 250 μA

(2)万用表的使用及测量注意事项

MF47 型指针式万用表的操作方法见表 4.4。

表 4.4 MF47 型指针式万用表的操作方法

被测量	操作步骤	图 示
测量前的准备	把 1.5 V 二号电池、9 V 叠层电池各一节装入电池夹内	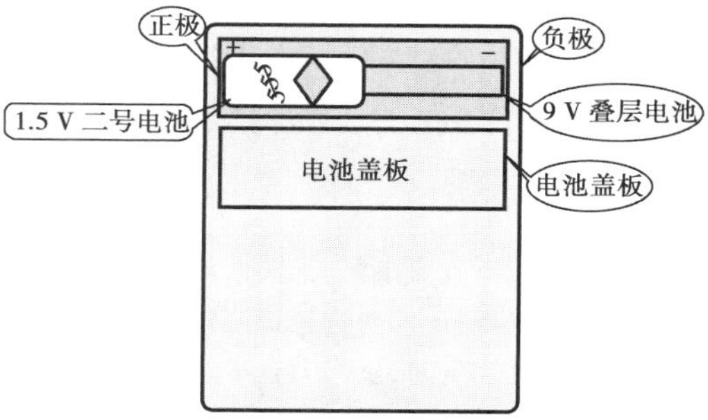 正极 负极 1.5 V 二号电池 9 V 叠层电池 电池盖板 电池盖板
	①把万用表水平放置好，看表针是否指在电压刻度零点，如不指零，则应旋动机械调零螺丝，使得仪表指针准确指在零点刻度上； ②把两根表笔分别插到插座上，红表笔插在"+"插座内，黑表笔插在"*"插座内	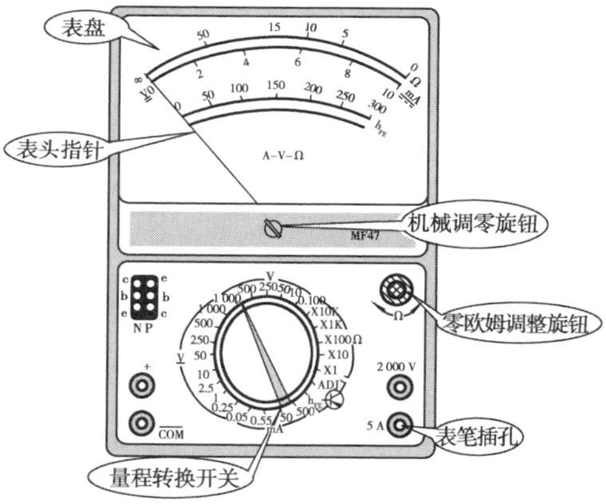 表盘 表头指针 机械调零旋钮 零欧姆调整旋钮 表笔插孔 量程转换开关
测电阻	①将表笔分别接到被测电阻两端，指针指示在接近表盘的 1/2 的地方； ②测量值在表盘欧姆刻度线上； ③读数：电阻值 = 指针读数 × 倍率	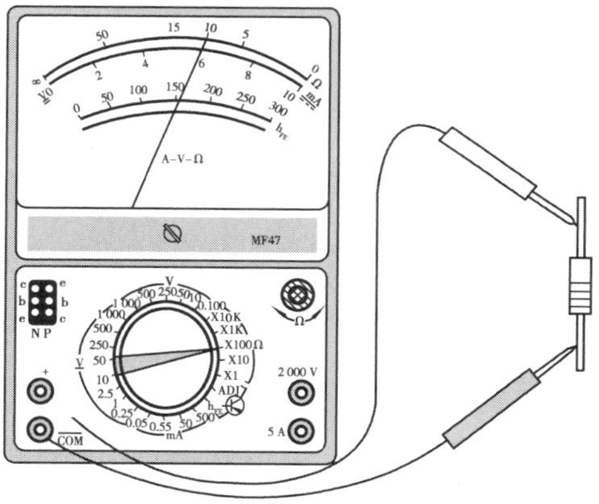

续表

被测量	操作步骤	图　示
测直流电压	①测直流电压时，将旋转开关置到直流电压挡上，并选择适当的电压量程； ②测量时，要将万用表并联在被测电路中进行，正负极必须正确，即红表笔应接被测电路中的高电位端，黑表笔接低电位端； ③指针指示在表盘的 1/2 ~ 2/3 的地方； ④读数：电压值 = V(mV)/每格 × 格数	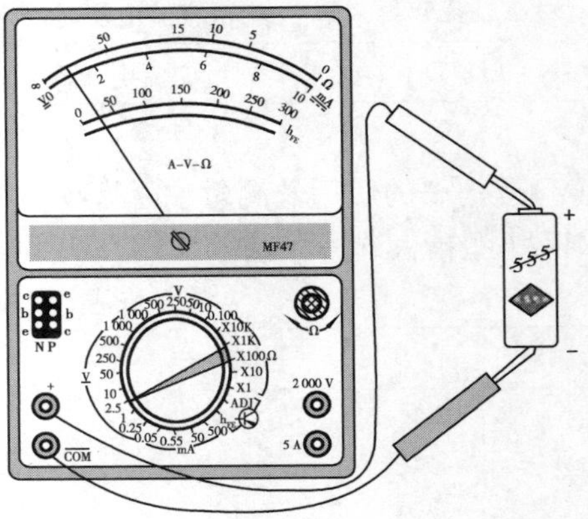
测直流电流	①测直流电流时，将旋转开关置到直流电流挡上，并选择适当的电流量程； ②测量时，要将万用表串联到被测电路中进行，正负极必须正确，即接电流从正到负的方向，红表笔接流入端，黑表笔接流出端； ③指针指示在表盘的 1/2 ~ 2/3 的地方； ④读数：电流值 = mA/每格 × 格数	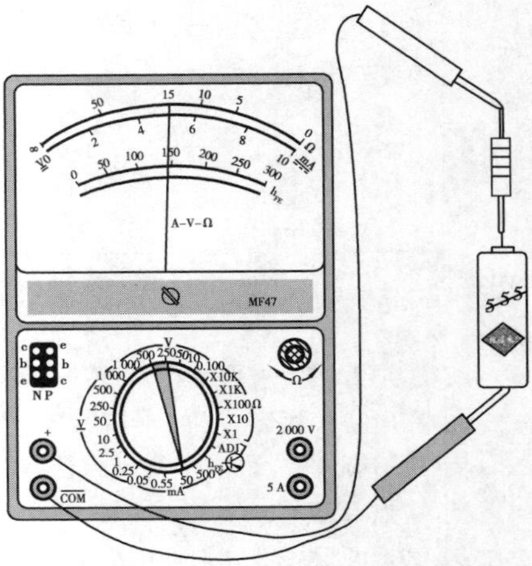
测交流电压	①测交流电压时，旋转开关置到“V”的位置； ②选择量程从小到大，操作要求与直流电压测试相同； ③将两表笔分别接到被测电路的两端； ④读数：交流电压值 = V/每格 × 格数	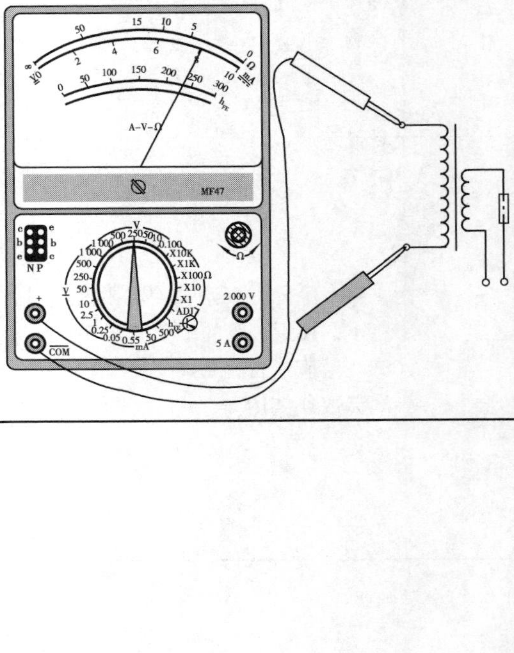

续表

被测量	操作步骤	图 示
测量使用注意事项	①万用表不用时,不要旋在电阻挡,因为表内有电池,如不小心易使两根表笔相碰短路,不仅耗费电池,严重时甚至会损坏表头; ②测量电阻时,如将两只表笔短接,调"零欧姆"旋钮至最大,指针仍然达不到零点,这种现象通常是因为表内电池电压不足造成的,应换上新电池方能准确测量; ③测量电阻时,不要用手触及元件裸体两端,以免人体电阻与被测电路并联,使测量结果不准确(见图(a)); ④如果不知道被测电压或电流大小,应先用最高挡,而后再选用合适的量程来测量,以免表针因偏转过度而损坏表头。所选用的量程越靠近被测值,测量的数值就越准确(见图(b)); ⑤测量直流电压和直流电流时,注意"+""-"极性,不要接错,如发现指针开始反转,应立即调换表笔,以免损坏指针及表头; ⑥测量电流与电压不能旋错挡位。如误用电阻挡或电流挡去测电压,就极易烧坏电表; ⑦读数时,万用表应水平放置,两眼应位于电表指针的正上方。若表盘内有一弧形反射镜,当看到指针与其镜中的影象重合时方可读数。若表针位于两条刻度线之间,除了将刻度线所代表的阻值读出外,还应再估计一下刻度间的数值	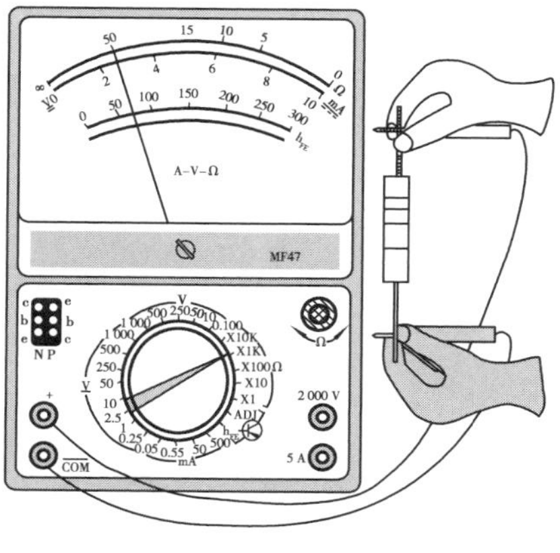 错误(a) 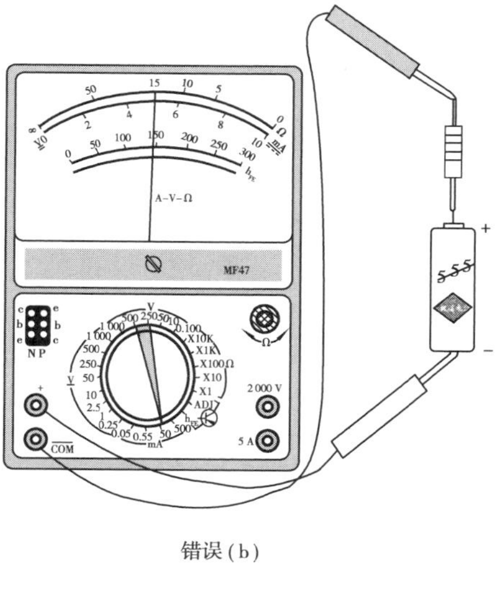 错误(b)

3. **电流表和电压表的使用方法**

电流表和电压表的使用方法见表4.5。

表 4.5　电流表和电压表的使用方法

类　型	用　途	分　类	连接方法	注意事项
电流表	用来测量电路中的电流值	可分为直流电流表、交流电流表和交直流两用电流表。就其测量范围又有微安表、毫安表和安培表之分	在测量电路电流时,一定要将电流表串联在被测电路中。测量直流电流时,要注意电流接线端的"+""-"极性标记,不可接错,以免指针反打,损坏仪表,如图所示。 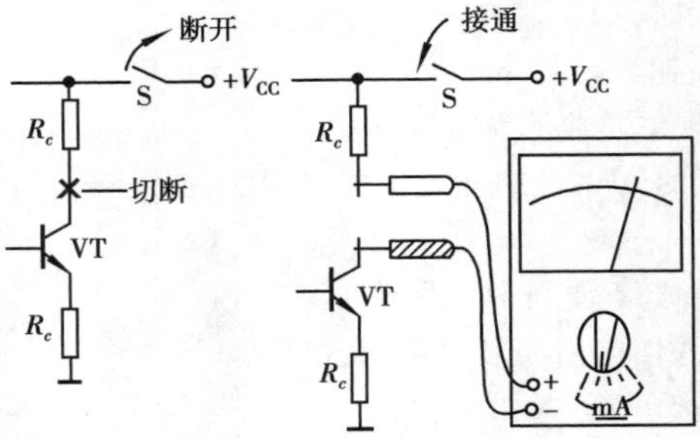 断开 S $+V_{CC}$ R_c 切断 VT R_c (a)　接通 S $+V_{CC}$ R_c VT R_c + − mA (b)	对于有两个量程的电流表,它具有三个接线端,使用时要看清楚接线端量程标记,根据被测电流大小,选择合适的量程,将公共接线端和一个量程接线端串联在被测电路中
电压表	用来测量电路中的电压值	按所测电压的性质分为直流电压表、交流电压表和交直流两用电压表。就其测量范围又有毫伏表,伏特表之分	用电压表测量电路电压时,一定要使电压表与被测电压的两端并联,电压表指针所示为被测电路两点间的电压,如图所示。 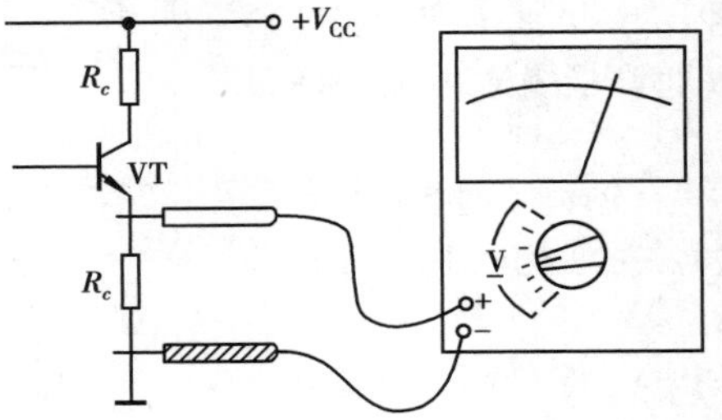 $+V_{CC}$ R_c VT R_c V + −	使用磁电式电压表测量直流电压时,要注意电压表接线端上的"+""-"极性标记。测量所选用的电压表量程要大于被测电路的电压,以免损坏电压表

4. 钳形电流表测量电流的方法

如果用电流表测量电流,需要将线路开路测量,这样很不方便,因此可以用一种不断开线路又能够测量电流的仪表,这就是钳形电流表。钳形电流表是根据电流互感器的原理制成的,外形象钳子一样,如图 4.5 所示。

将被测的线路从铁芯的缺口放入铁芯中,这条导线就等于电流互感器的一次绕组,然后闭合钳口,被测导线的电流就在铁芯中产生交变磁感应线,使二次绕组感应出与导线流过的电流成一定比例的二次电流,在表盘上显示出来,于是可以直接读数。钳形电流表的使用方法如图 4.6(a),(b)所示。

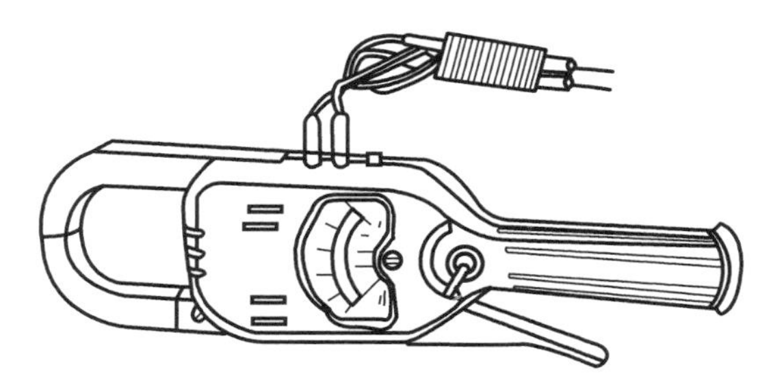

图 4.5　钳形电流表的外形

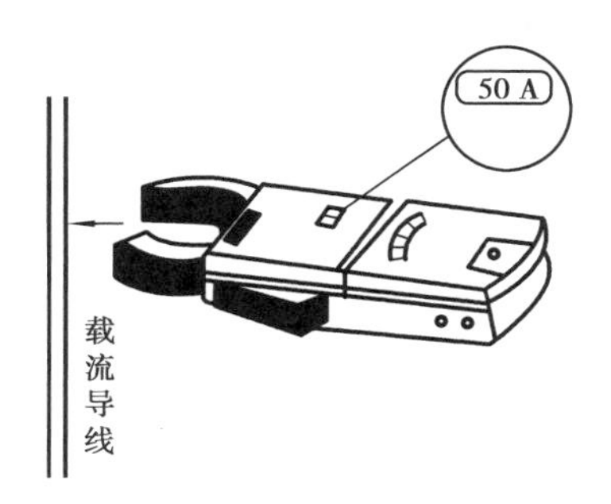

(a) 钳形电流表卡进导线

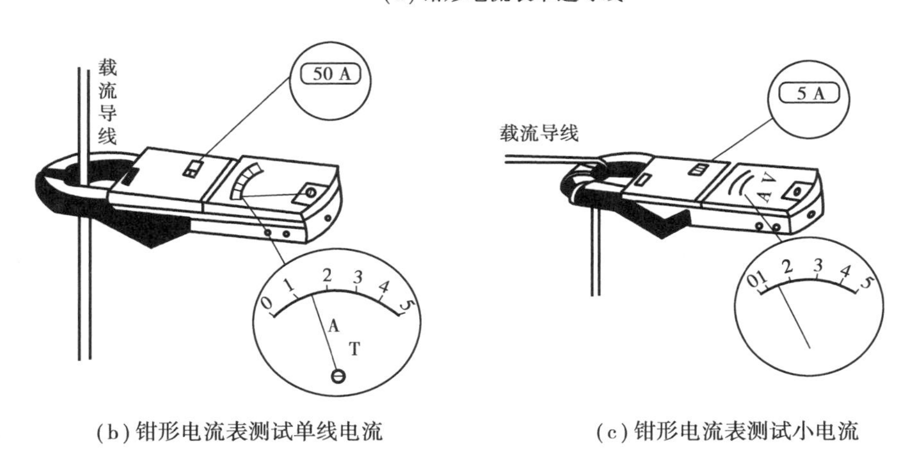

(b) 钳形电流表测试单线电流　　(c) 钳形电流表测试小电流

图 4.6　钳形电流表的使用

使用钳形电流表的注意事项：

①进行电流测量时，被测载流导线的位置应放在钳口中央，以免产生误差。

②测量前应先估计被测电流大小，选择合适的量程，或先选用较大量程测量，然后再视被测电流大小，减小量程。

③测量后一定要把调节开关放在最大电流量程，以免下次使用时，由于未选择量程而损坏仪表。

④测量单相线的电流时，只能钳入一根线，而不能将两根线钳入，否则电流为 0，如果测试三相电流时，钳入 2 根相线，则电流会扩大 2 倍。

⑤如果被测电路的电流小于 5 A 时，为了方便读数，可以将导线在钳口多绕几圈，然后才闭合钳口测量读数，如图 4.6(c) 所示。实际电流值，应该是读数再除以绕在钳口上的圈数。

5. 兆欧表及其使用方法

(1)兆欧表的作用与结构

兆欧表又叫摇表、迈格表、高阻计或绝缘电阻测定仪等,它是检测电气设备、供电线路绝缘电阻的一种可携式仪表。其上面的标尺刻度以“MΩ”为单位,可较准确地测出绝缘电阻值。

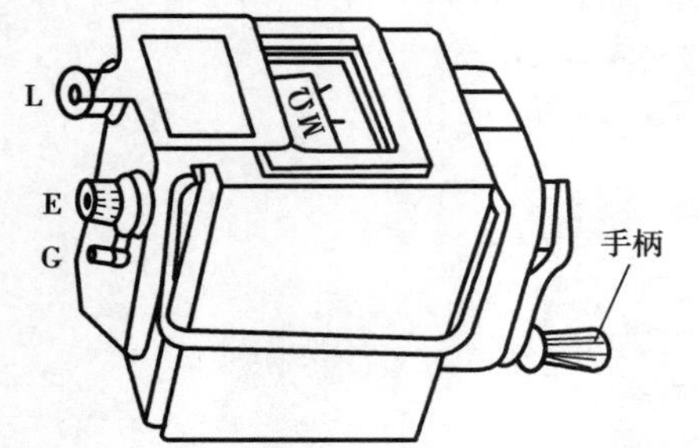

图 4.7 兆欧表外形

兆欧表主要由三个部分组成:手摇直流发电机、磁电式流比计及接线桩(L,E,G)。兆欧表的外形图如图 4.7 所示。

(2)兆欧表的选择

选择兆欧表时,其额定电压一定要与被测电气设备或线路的工作电压相适应,测量范围也要与被测量绝缘电阻的范围相吻合。

检测任一种电气设备,应当选用其相应规格的兆欧表,因此在选用时可参考表 4.6。

表 4.6 兆欧表的额定电压和量程选择

被测对象	设备的额定电压/V	兆欧表的额定电压/V	兆欧表的量程/MΩ
普通线圈的绝缘电阻	500 以下	500	0 ~ 200
变压器和电动机的绝缘电阻	500 以下	1 000 ~ 2 500	0 ~ 200
发动机线圈的绝缘电阻	500 以下	1 000	0 ~ 200
低压电气设备的绝缘电阻	500 以下	500 ~ 1 000	0 ~ 200
高压电气设备的绝缘电阻	500 以下	2 500	0 ~ 2 000
瓷瓶、高压电缆、刀闸	—	2 500 ~ 5 000	0 ~ 2 000

(3)使用前的准备

①测量前须先校正,将兆欧表平稳放置,先使 L,E 两端开路,摇动手柄使发电机达到额定转速,这时表头指针在“∞”刻度处;然后将 L,E 两端短路,缓慢摇动手柄,指针应指在“0”刻度上。若指示不对,说明该兆欧表不能使用,应进行检修,如图 4.8 所示。

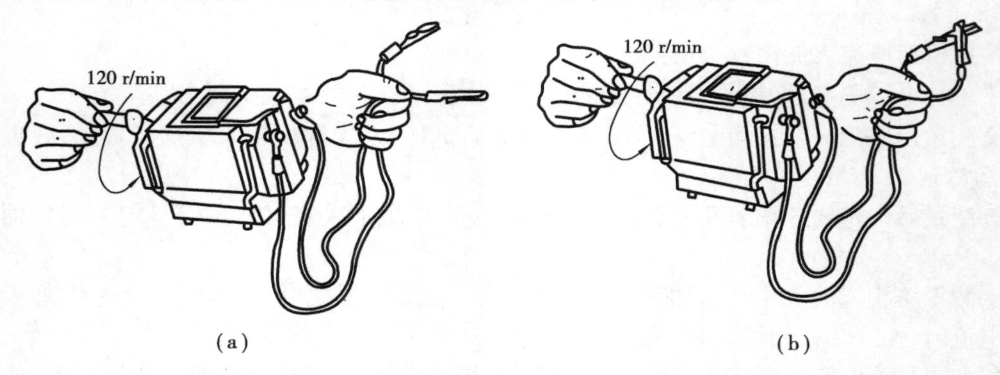

图 4.8 兆欧表的开路和短路试验

②用兆欧表测量线路或设备的绝缘电阻,必须在不带电的情况下进行,绝对不允许带电测量。

③测量前应先断开被测线路或设备的电源,并对被测设备进行充分放电,清除残存静电荷,以免危及人身安全或损坏仪表。

(4)使用方法及注意事项

兆欧表的使用方法及注意事项见表4.7。

表4.7 兆欧表在使用时的方法及注意事项

项目	接线方法	接线图	使用方法	注意事项
测线路绝缘电阻	测量电力线路的绝缘电阻时,将E接线柱可靠接地,L接被测量线路	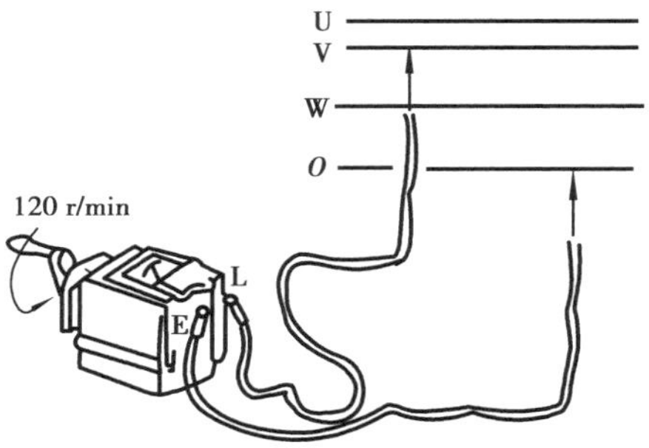	接好线后,按顺时针方向摇动手柄,速度由慢到快,并稳定在120 r/min,允许有正负20%的变化,最多不应超过25%。通常要摇动1 min后,待指针稳定下来后再读数。 如被测电路中有电容时,先持续摇动一段时间,让兆欧表对电容充电,指针稳定后再读数。若测量中发现指针指零,应立即停止摇动手柄	兆欧表测量用的接线要选用绝缘良好的单股导线,测量时两条线不能绞在一起,以免导线间的绝缘电阻影响测量结果。 测量完毕后,在兆欧表没有停止转动或被测设备没有放电之前,不可用手触及被测部位,也不可去拆除连接导线,以免引起触电
测电动机绝缘电阻	测量电动机、电气设备的绝缘电阻时,将E接线柱接设备外壳,L接电动机绕组或设备内部电阻	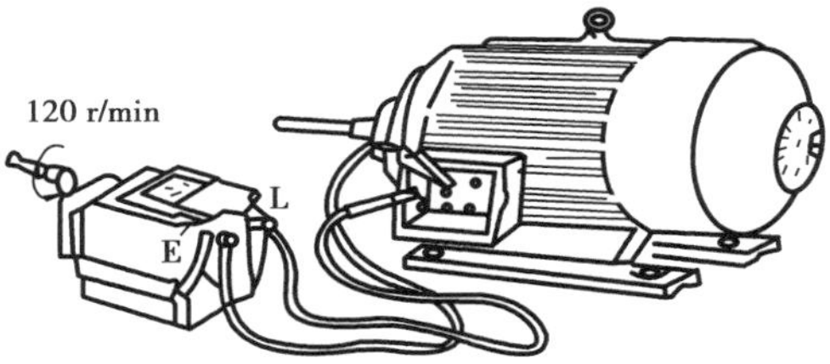		
测电缆绝缘电阻	测量电缆芯线与外壳间的绝缘电阻时,将E接线柱接电缆外壳,L接被测芯线,G接电缆壳与芯之间的绝缘层上	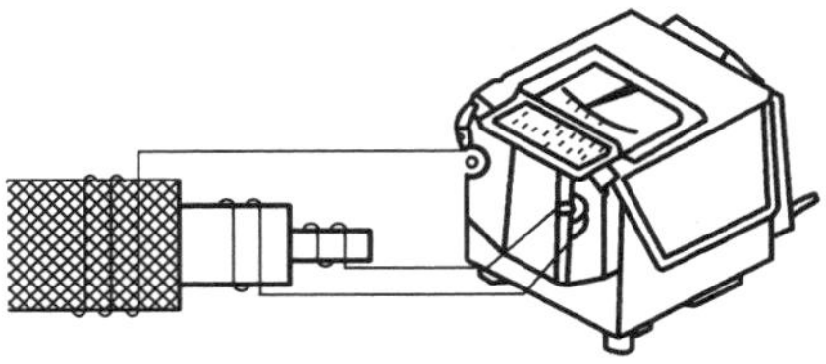		

6. 接地电阻测试仪及其使用方法

接地电阻测试仪是一种测量接地系统电阻的电气测试仪器。它主要用于检测建筑物、通信设备、电力设备等各种工业或民用设施的接地系统是否符合相关标准，从而确保人身安全以及设备正常运行，如图 4.9 所示。

使用方法：

①沿被测接地极 E 使电位探针 P 和电流探针 C 依直线彼此相距 20 m，且电位探针 P 插于接地极 E 和电流探针 C 之间。接线如图 4.10 所示。

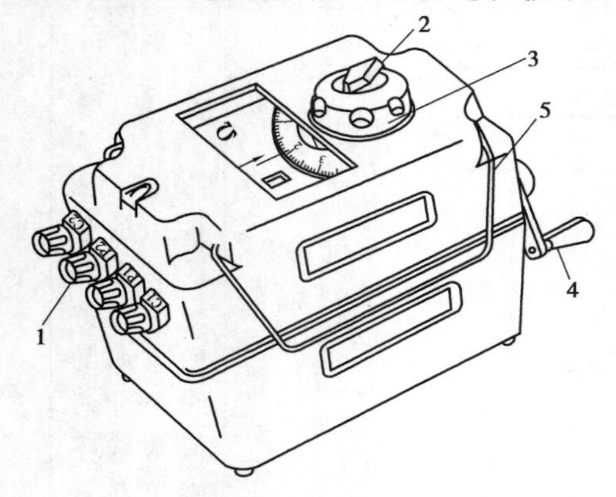

图 4.9　ZC-8 型接地电阻测量仪
1—接线端钮；2—倍率选择开关；
3—测量标度盘；4—摇把；5—提手

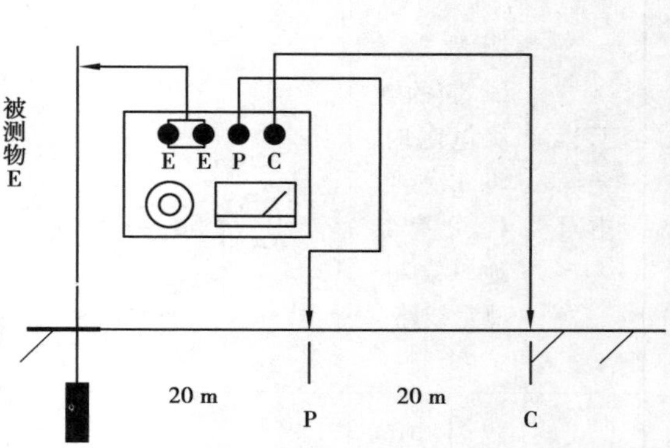

被测物E
E E P C
20 m
20 m
P
C

图 4.10　接线

②用导线将 E、P 和 C 与仪表相应的端钮连接。

③将仪表放置于水平位置，检查检流计是否指在中心线上，否则可用调零器将其调整至中心线。

④将“倍率开关”置于“ * 大倍数”，慢慢转动发电机摇柄，同时旋转“测量标度盘”使检流计指针指于中心线。

⑤当检流计的指针接近平衡时，加快发电机摇柄的转速，使其达到 120 r/min 以上，调整测量标度盘使指针指于中心线上。

⑥如“测量标度盘”的读数小于 1 时，应将“倍率标度”置于较小倍率，再重新调整“测量标度盘”以得到正确读数。

⑦用“测量标度盘”的读数乘以“倍率标度盘”的倍数即为所测的接地电阻值。

二、技能实训

1. 实训内容

万用表的使用。

2. 实训目的

(1)学会万用表的读数
(2)学会用万用表测量交流电压
(3)学会用万用表测量直流电压
(4)学会用万用表测量直流电流
(5)学会用万用表测量电阻

3. 实训器材

(1)万用表 1 块
(2)调压器 1 台
(3)晶体管稳压电源 1 台
(4)各类电阻 1 Ω、10 Ω、220 Ω、10 kΩ、12 kΩ、150 kΩ 各一只
(5)电工常用工具、导线若干

4. 实训步骤

(1)读数练习
如图 4. 11 所示,根据万用表指针的位置,读取各相应的值,填入表 4. 8 中。

图 4. 11　依表针指示读取各相应值

表 4.8　万用表读数练习表

转换开关		读　数	转换开关		读　数
V (交流)	10		mA (直流)	0.05	
	50			0.5	
	250			5	
	500			50	
V (直流)	2.5			500	
	10		Ω	1	
	50			10	
	250			100	
	500			1 k	
	1 000			10 k	

(2)数据测量

按图 4.12 所示电路,把电阻连接成串、并网络,a,b 两端接在直流稳压电源的输出端上,输出电压酌情确定。用模拟式、数字式万用表分别测量串并网络中每两点间的直流电压、直流电流、电阻以及交流电压,并将测量结果分别填入表 4.9 ~ 表 4.13 中。

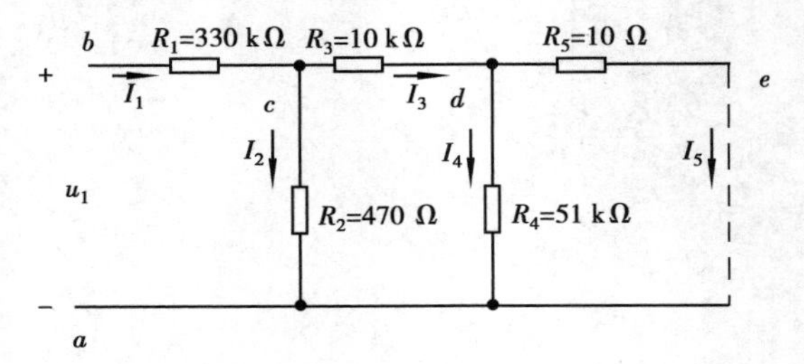

图 4.12　测量用电阻网络

表 4.9　直流电压测量实训报告表

电压测量	U_{ab}		U_{ac}		U_{ad}		U_{bc}		U_{cd}	
使用仪表	模拟	数字	模拟	数字	模拟	数字	模拟	数字	模拟	数字
仪表量程										
读数值/V										
两仪表差值										

表 4.10　直流电流测量实训报告表

电流测量	I_1		I_2		I_3		I_4		I_5	
使用仪表	模拟	数字	模拟	数字	模拟	数字	模拟	数字	模拟	数字
仪表量程										
读数值/mA										
两仪表差值										

表 4.11　直流电阻测量实训报告表(一)

单个电阻	R_1		R_2		R_3		R_4		R_5	
标准值	330 kΩ		470 Ω		10 kΩ		51 kΩ		10 Ω	
使用仪表	模拟	数字	模拟	数字	模拟	数字	模拟	数字	模拟	数字
欧姆挡倍率										
读数值/Ω										
两仪表差值										

表 4.12　直流电阻测量实训报告表(二)

网络电阻	R_{ab}		R_{ac}		R_{ad}		R_{ae}		R_{bd}		R_{be}		R_{cd}		R_{ce}	
使用仪表	模拟	数字	模拟	数字	模拟	数字	模拟	数字	模拟	数字	模拟	数字	模拟	数字	模拟	数字
欧姆挡倍率																
读数值/Ω																
两仪表差值																

表 4.13　交流电压测量实训报告表

测量次数	第一次		第二次		第三次		第四次		第五次	
使用仪表	模拟	数字	模拟	数字	模拟	数字	模拟	数字	模拟	数字
仪表量程										
读数值/V										
两仪表差值										

5. 成绩评定

成绩评定表

学生姓名＿＿＿＿＿＿

项目内容	配　分	评分标准	扣　分	得　分
实训态度	10 分	态度好、认真 10 分，较好 7 分，差 0 分		
万用表的读数	10 分	读数错误每次扣 2 分		
交流电压的测量	20 分	拨错测量挡每次扣 2 分，测量结果误差太大，每次扣 2 分		
直流电压的测量	20 分	拨错测量挡每次扣 2 分，测量结果误差太大，每次扣 2 分		
直流电流的测量	20 分	拨错测量挡每次扣 2 分，测量结果误差太大，每次扣 2 分		
电阻的测量	20 分	拨错测量挡每次扣 2 分，测量结果误差太大，每次扣 2 分		
总　分				

思考与习题四

1. 使用机械式、数字式万用表测量电阻时，应该注意哪些？

2. 使用机械式、数字式万用表测量时，怎样才能保证读数误差最小？

3. 为什么测量绝缘电阻要用兆欧表，而不用万用表？

4. 某正常工作的三相异步电动机额定电流为 10 A，用钳形电流表测量时，如果钳入一根电源线钳形电流表的读数多大？如果钳入二根或三根电源线钳形电流表的读数多大？

实训五　电阻器的识别与检测

一、知识准备

1. 电阻器的识别

(1)电阻器的型号及命名方法

电阻器、电位器的型号由四部分组成,分别代表产品的名称、材料、分类和序号,各部分含义见表5.1。

表5.1　电阻器命名方法

第一部分		第二部分		第三部分		第四部分
用字母表示主称		用字母表示材料		用数字或字母表示特征		用数字表示序号
字母	意义	字母	意义	数字(字母)	意义	
		T	碳膜	1	普通	
		P	硼碳膜	2	普通	
		U	硅碳膜	3	超高频	
		H	合成膜	4	高阻	
		I	玻璃釉膜	5	高温	
R	电阻器	J	金属膜	7	精密	
		Y	氧化膜	8	电阻器:高压 电位器:特殊	略
		S	有机实芯	9	特殊	
W	电位器	N	无机实芯	G	高功率	
		X	线绕	T	可调	
		C	沉积膜	X	小型	
		G	光敏	L	测量用	
				W	微调	
				D	多圈	

例:普通金属膜电阻

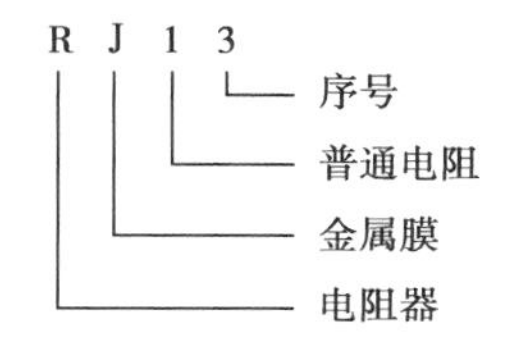

(2)常见电阻器的外形及电路符号

常见电阻器有固定电阻、可变电阻、电位器三大类,外观形态也多种多样,表5.2是部分电阻器的实物示意图。

表 5.2　部分电阻器实物示意图

名称	碳膜电阻器	金属膜电阻器	水泥电阻器
实物示意图			
名称	熔断电阻器	贴片电阻器	热敏电阻器
实物示意图			
名称	绕线电阻器	卧式微调电阻器	立式微调电阻器
实物示意图			
名称	电位器	带开关的电位器	推拉式电位器
实物示意图			
名称	直滑式电位器	3296 精密可调电位器	
实物示意图			

常见电阻器的电路符号如图 5.1 所示。

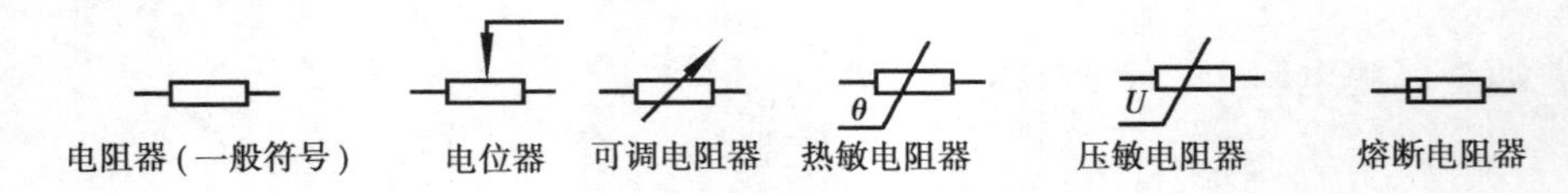

图 5.1　常见电阻器的电路符号

(3)常见电阻器的主要参数及标称阻值的标注方法

1)电阻器的主要参数

①标称阻值和偏差。

标称阻值是指电阻器上所标注的阻值,其数值范围应符合《电阻器和电容器优先数系》

（GB/T 2471—1995）的规定，电阻器的标称阻值应为表 5.3 所列数值的 10^n 倍，其中 n 为正整数、负整数或零。以 E_{24} 系列为例，电阻器的标称值可为 0.12 Ω、1.2 Ω、12 Ω、120 Ω、1.2 kΩ、12 kΩ、120 kΩ、1.2 MΩ，其他各项以此类推。

表 5.3　电阻器标称值系列

系　列	偏　差	电阻器的标称值
E_{24}	Ⅰ级（±5%）	1.0,1.1,1.2,1.3,1.5,1.6,1.8,2.0,2.2,2.4,2.7,3.0,3.3,3.6,3.9,4.3,4.7,5.1,5.6,6.2,6.8,7.5,8.2,9.1
E_{12}	Ⅱ级（±10%）	1.0,1.2,1.5,1.8,2.2,2.7,3.3,3.9,4.7,5.6,6.8,8.2
E_6	Ⅲ级（±20%）	1.0,1.5,2.2,3.3,4.7,6.8

偏差是指实际阻值与标称阻值的差值与标称阻值之比的百分数，通常为：±5%（Ⅰ级）、±10%（Ⅱ级）、±20%（Ⅲ级）。

②标称功率。

电阻器的标称功率是指电阻器在室温条件下，连续承受直流或交流负荷时所允许的最大消耗功率。可根据电阻器外观体积的大小来大致判断它的标称功率，在电路图中标称功率的符号见表 5.4。

表 5.4　电阻器的标称功率在电路图中的符号

电路符号	名　称	说　明	
R	绕线电阻器电路符号	额定功率很大，体积大，用于一些流过电阻器电流很大的场合，电子管放大器常用	
	标注额定功率的电路符号	1/8 W	符号中同时标出了该电阻器额定功率，通常普通电阻的额定功率都比较小，常用的是1/8 W； 电子电路中使用的电阻器功率小，为1/16 W或1/8 W，电路符号中不标出它的额定功率，在额定功率比较大时，需要在电路图中标注额定功率
		1/4 W	
		1/2 W	
		1 W	
		2 W	
		3 W	
IV		4 W	
V		5 W	
X		10 W	
10	另一种功率标注法	10 W	这是一种较大功率电阻的功率标注法
R	另一种电路符号	这种电路符号在进口电子设备电路图中出现，也是国家标准中允许使用的电路符号	

2）电阻器标称阻值的标注方法

①直标法。

直标法即在电阻器表面用阿拉伯数字和单位符号直接标出电阻器的阻值，如图 5.2 所示。

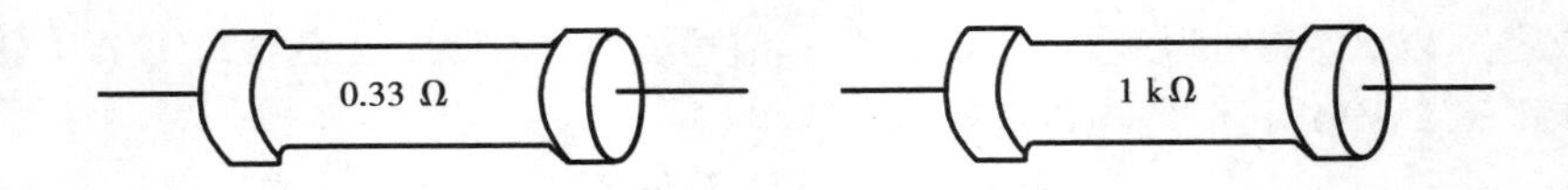

图 5.2　直标法

②文字符号法。

文字符号法即用阿拉伯数字和字母有规律地组合起来标注在电阻器的表面。如 3R3 表示 3.3 Ω,4K7 表示 4.7 kΩ。有的标注中把"Ω"省略了,如:39 Ω 记为 39,10 kΩ 记为 10K,5.6 MΩ记为 5.6 M。

③数码法。

数码法即用三位阿拉伯数字表示阻值,前两位数字表示阻值的有效数字,第三位数字表示有效数字后"0"的个数,单位为 Ω,如:101 表示 100 Ω,103 表示 10 000 Ω(即 10 kΩ),100 表示 10 Ω。

④色环法(也称色标法或色码法)。

色环法是在电阻器表面用 4 道或 5 道色环来表示出标称阻值和允许偏差,每道色环规定有相应的意义,根据规定的意义来计算每个电阻的阻值。用色环法标注的电阻通常称为色环电阻,如图 5.3 所示。

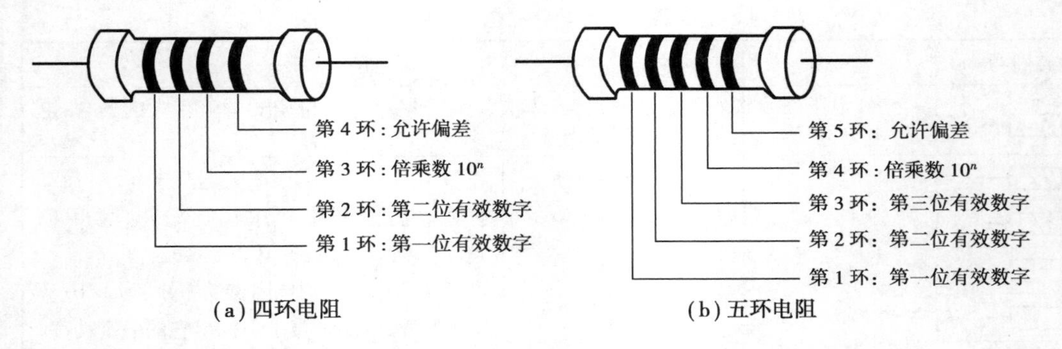

图 5.3　色环法每道色环代表的意义

每道色环的具体颜色代表的意义见表 5.5。

表 5.5　每道色环的颜色代表的意义

颜　色	有效数字	倍乘数	允许偏差/%
金	—	10^{-1}	±5
银	—	10^{-2}	±10
黑	0	10^0	—
棕	1	10^1	±1
红	2	10^2	±2
橙	3	10^3	—
黄	4	10^4	—

续表

颜　色	有效数字	倍乘数	允许偏差/%
绿	5	10^5	±5
蓝	6	10^6	±2
紫	7	10^7	±1
灰	8	10^8	—
白	9	10^9	—
无色	—	—	±20

下面举例来说色环电阻阻值的计算方法，如图5.4所示：

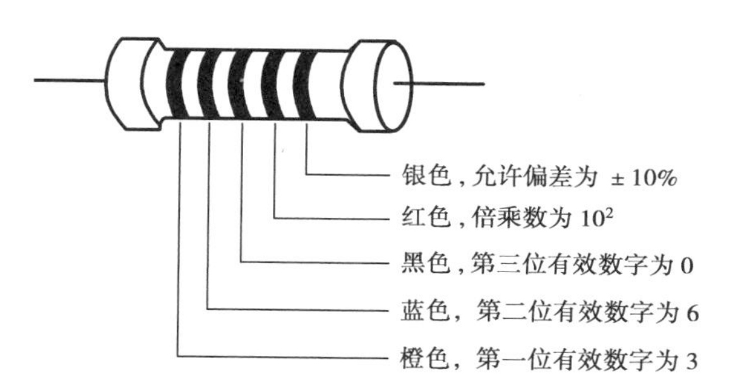

图5.4　色环电阻阻值计算法

故该色环电阻的阻值为 $360\times10^2\ \Omega$，即36 kΩ。

(4)可调电阻与电位器

固定电阻器的阻值是不能改变的，而可调电阻和电位器的阻值可以在一定的范围内任意改变。可调电阻一般用在电路中要求阻值根据需要变动而又不常变动的场合，它有两个定片和一个动片，其标称阻值是指两个定片之间的阻值，一个定片和动片之间的阻值是0与标称阻值之间的某一个数值，可以调节动片来改变这个阻值，且阻值的变化是呈线性的。其结构见表5.6。

表5.6　可变电阻结构

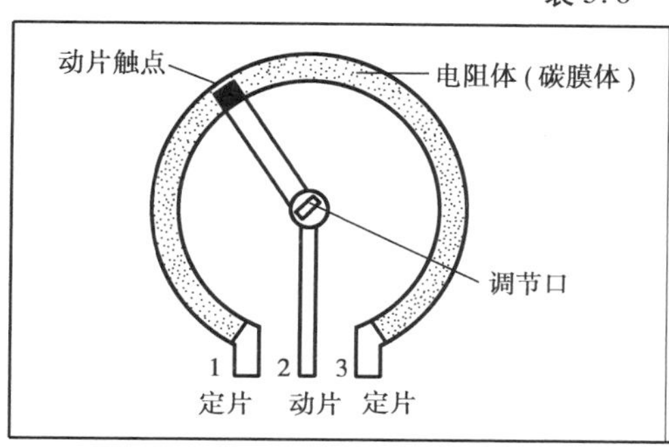	从图中可以看出，它主要由动片、碳膜体、三根引脚片组成。三根引脚分别是两根固定引脚(又称定片)、一根动片引脚。 用平口螺丝刀伸入调节口中转动时，动片上的触点在电阻体上可以滑动，从而改变电阻值

电位器从结构和工作原理上讲与可调电阻是基本相似的，但也是有区别的。它们的区别见表5.7，其主要区别是电阻值变化的规律不同，电位器的阻值变化规律有X,D,Z三种类型，

它们的意义见表 5.8；其次是体积、外观、功率大小也不相同。

3296 精密可调电位器属于多圈精密电位器，也是螺杆驱动的预调电位器，全行程大于等于 15 圈，阻值范围从 10 Ω 到 5 MΩ。可以通过螺杆的旋转调整触点在电阻体上的移动，从而改变电位器的阻值，3296 电位器的螺杆可以一直旋转，但是调整到最大或最小阻值后，触点是不会再随着螺杆的旋转移动的，这起到了一个保护作用。

表 5.7　可调电阻与电位器的区别

比较项目	电位器	可调电阻
操纵柄	有操纵柄	无操纵柄
阻值分布特性	一般有三种输出函数特性（X，D，Z 型）	电阻体分布特性相同
联数	有单联、双联、多联	无
体积	体积大、结构牢固、使用寿命长	体积小、使用寿命短

表 5.8　三种电位器的阻值变化规律

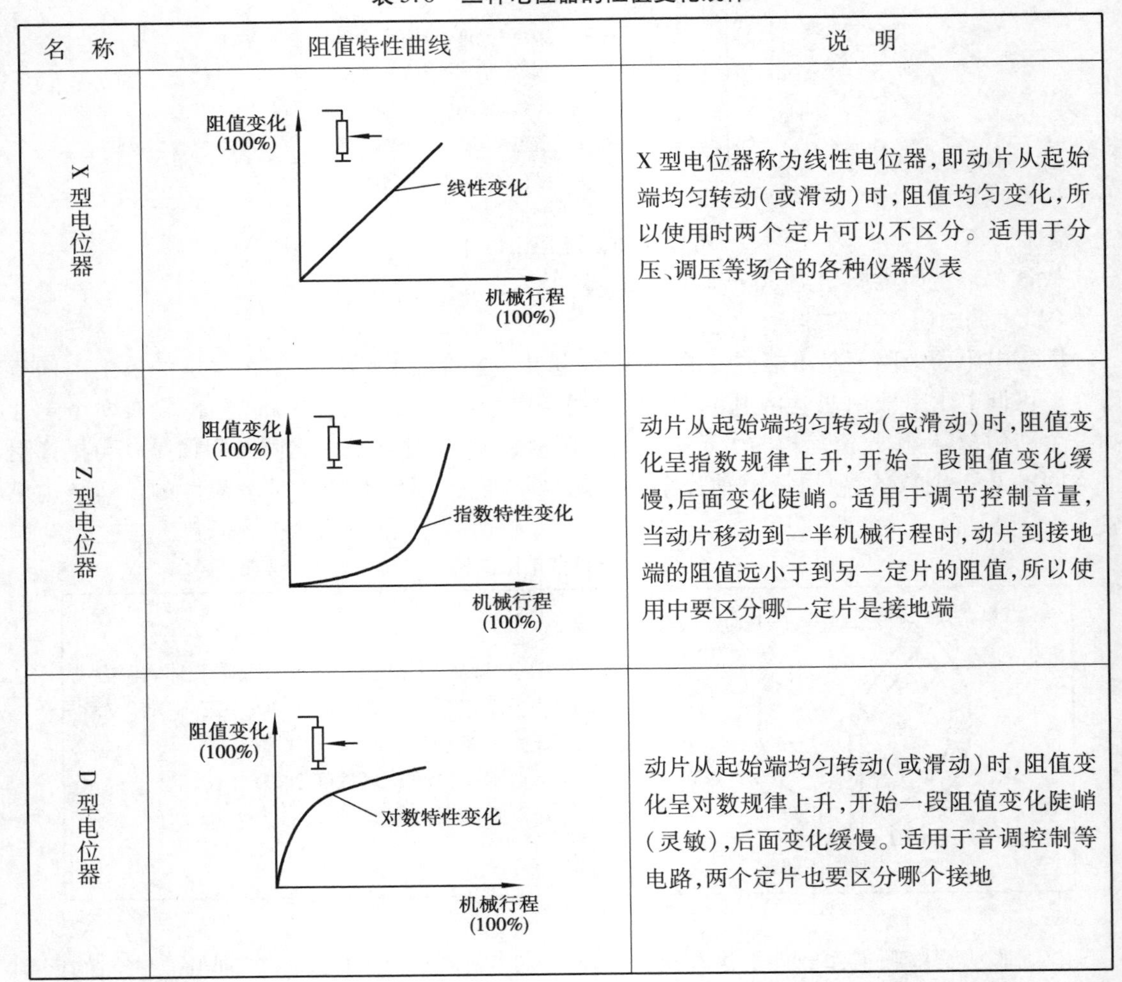

名　称	阻值特性曲线	说　明
X 型电位器	阻值变化 (100%)；线性变化；机械行程 (100%)	X 型电位器称为线性电位器，即动片从起始端均匀转动（或滑动）时，阻值均匀变化，所以使用时两个定片可以不区分。适用于分压、调压等场合的各种仪器仪表
Z 型电位器	阻值变化 (100%)；指数特性变化；机械行程 (100%)	动片从起始端均匀转动（或滑动）时，阻值变化呈指数规律上升，开始一段阻值变化缓慢，后面变化陡峭。适用于调节控制音量，当动片移动到一半机械行程时，动片到接地端的阻值远小于到另一定片的阻值，所以使用中要区分哪一定片是接地端
D 型电位器	阻值变化 (100%)；对数特性变化；机械行程 (100%)	动片从起始端均匀转动（或滑动）时，阻值变化呈对数规律上升，开始一段阻值变化陡峭（灵敏），后面变化缓慢。适用于音调控制等电路，两个定片也要区分哪个接地

可调电阻与电位器的阻值一般均采用直标法，不过电位器除标有阻值外，有的还标注有额定功率和阻值变化规律，如电位器外壳上标出 51K—0.25X，其中“51K”指标称阻值为51 kΩ，“0.25”表示额定功率为 0.25 W，“X”表示是 X 型电位器。

2. 用万用表检测电阻器

(1) 固定电阻的检测方法

表 5.9、表 5.10 所示为固定电阻的检测方法。

表 5.9 用指针式万用表检测固定电阻的方法

接线示意图	表针指示	说 明
欧姆挡	Ω 0	万用表置于欧姆挡适当量程，表笔不分红、黑，分别接电阻器的两根引脚。如果表针过于偏向左侧或右侧，说明量程选择不当，改变量程后再次测量。读出阻值，看是否与标称值相同

表 5.10 用数字式万用表检测固定电阻的方法

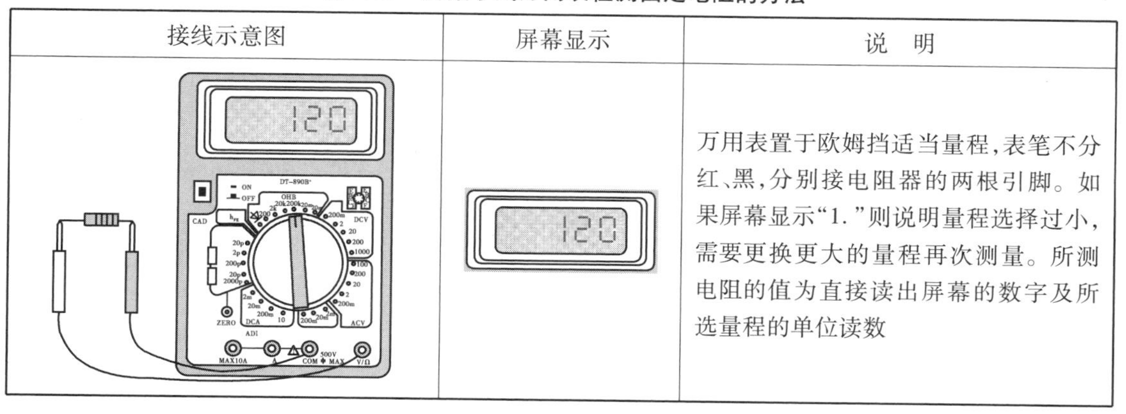

接线示意图	屏幕显示	说 明
		万用表置于欧姆挡适当量程，表笔不分红、黑，分别接电阻器的两根引脚。如果屏幕显示“1.”则说明量程选择过小，需要更换更大的量程再次测量。所测电阻的值为直接读出屏幕的数字及所选量程的单位读数

(2) 可变电阻的检测方法

表 5.11、表 5.12 所示为可变电阻的检测方法。

表 5.11 用指针式万用表检测可变电阻的方法

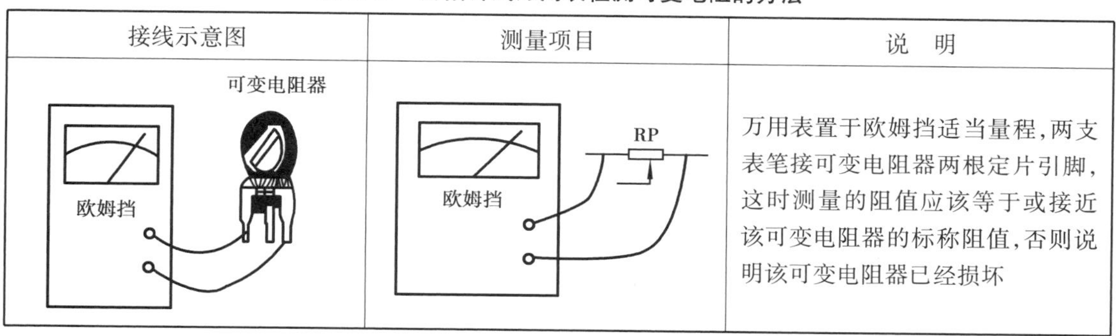

接线示意图	测量项目	说 明
		万用表置于欧姆挡适当量程，两支表笔接可变电阻器两根定片引脚，这时测量的阻值应该等于或接近该可变电阻器的标称阻值，否则说明该可变电阻器已经损坏

续表

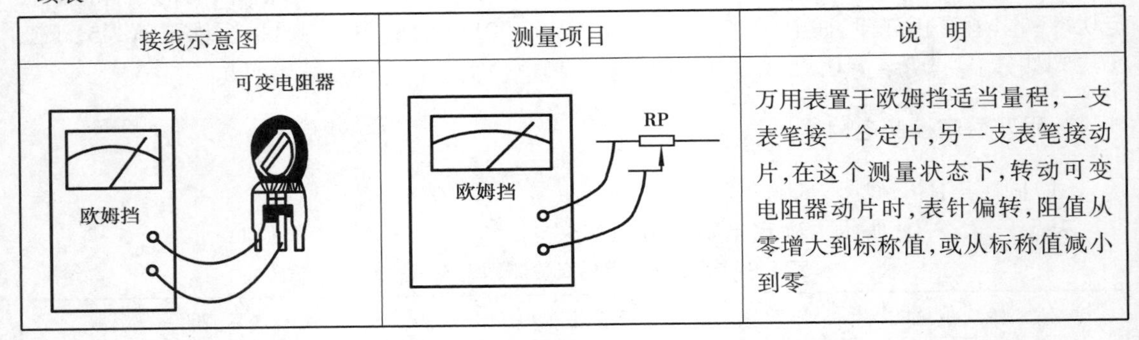

接线示意图	测量项目	说　明
可变电阻器 欧姆挡	欧姆挡 RP	万用表置于欧姆挡适当量程,一支表笔接一个定片,另一支表笔接动片,在这个测量状态下,转动可变电阻器动片时,表针偏转,阻值从零增大到标称值,或从标称值减小到零

表5.12　用数字式万用表检测可变电阻的方法

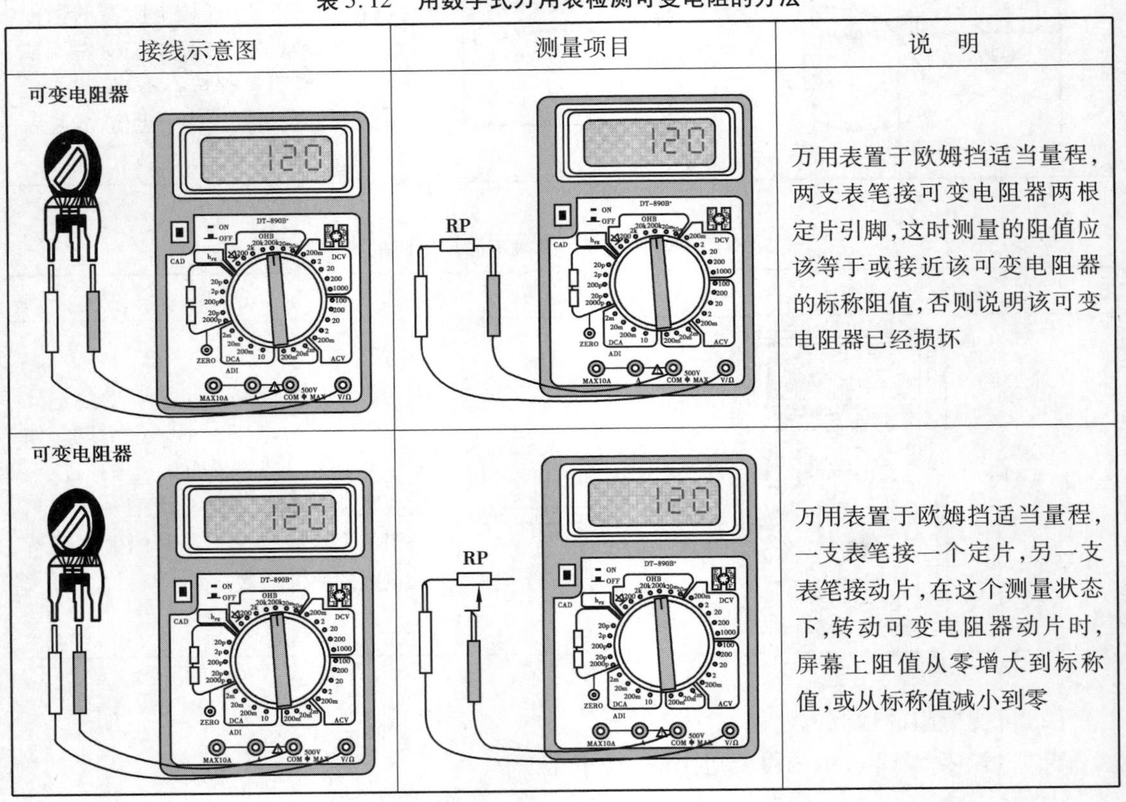

接线示意图	测量项目	说　明
可变电阻器	RP	万用表置于欧姆挡适当量程,两支表笔接可变电阻器两根定片引脚,这时测量的阻值应该等于或接近该可变电阻器的标称阻值,否则说明该可变电阻器已经损坏
可变电阻器	RP	万用表置于欧姆挡适当量程,一支表笔接一个定片,另一支表笔接动片,在这个测量状态下,转动可变电阻器动片时,屏幕上阻值从零增大到标称值,或从标称值减小到零

(3)电位器的检测方法

电位器有带开关和不带开关的。不带开关的电位器的检测方法与可调电阻的检测方法相同,这里讲一下带开关的电位器的检测。

1)找开关引脚

电位器的开关引脚与其他三个电位器引脚从外观上是可以区分的,如图5.5所示。

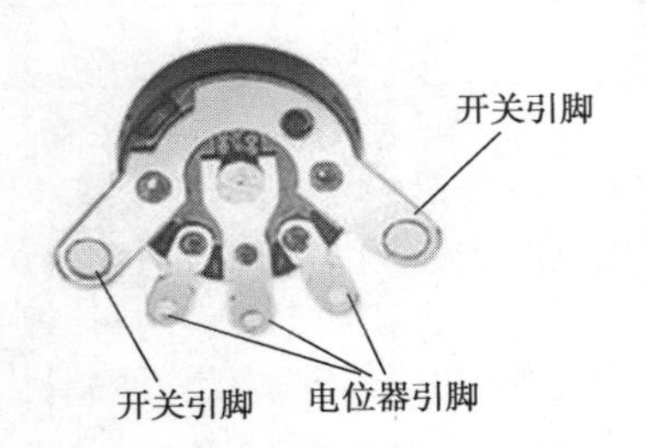

图5.5　电位器引脚示意图

从外观上找出开关引脚后，再用万用表检测，方法见表5.13、表5.14。

表5.13　用万用表测量电位器开关引脚的方法

接线示意图	表针指示	说　明
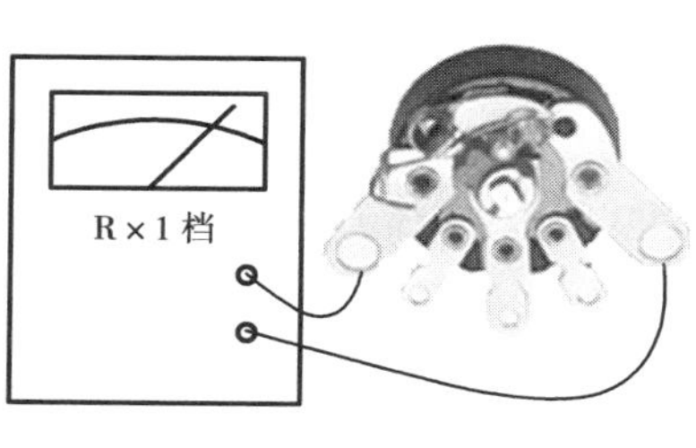 R×1档	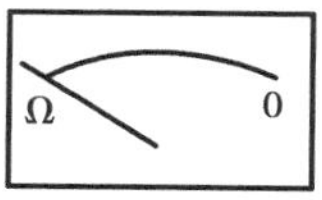 Ω　0	万用表置于R×1挡，两支表笔分别接初步确定的两根开关引脚，这时测量的电阻应该为无穷大
	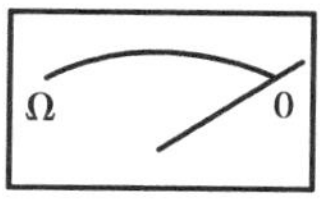 Ω　0	转动或拉动电位器手柄，在听到“喀哒”声后，引脚之间的阻值为零，说明这两根引脚是开关引脚

表5.14　用数字式万用表测量电位器开关引脚的方法

接线示意图	屏幕显示	说　明
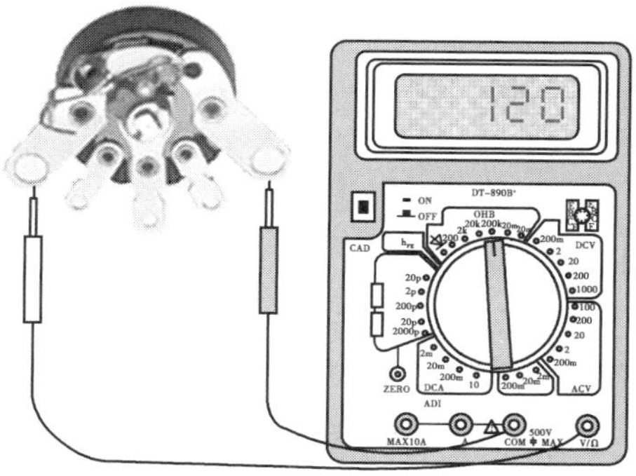 120	 0	万用表置于电阻挡，两支表笔分别接初步确定的两根开关引脚，这时测量的电阻应该为无穷大
	 1	转动或拉动电位器手柄，在听到“喀哒”声后，引脚之间的阻值为零，说明这两根引脚是开关引脚

2)用万用表检测电位器

开关引脚测量完毕后，再检测其余三个电位器引脚，方法见表5.15、表5.16。

表5.15　用万用表检测电位器的方法

接线示意图	说　明
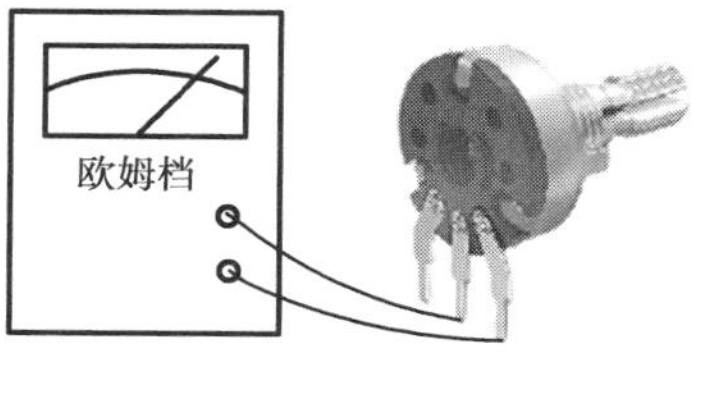 欧姆档	①万用表测量电位器的方法与测量可变电阻器一样，要测量它的标称阻值和动片到每一个定片之间的阻值； ②测量动片到某一个定片之间阻值时，旋转电位器转柄过程中，表针指示的变化应是连续的，不能有突变现象，否则说明电位器的动片存在接触不良故障

表 5.16　用数字式万用表检测电位器的方法

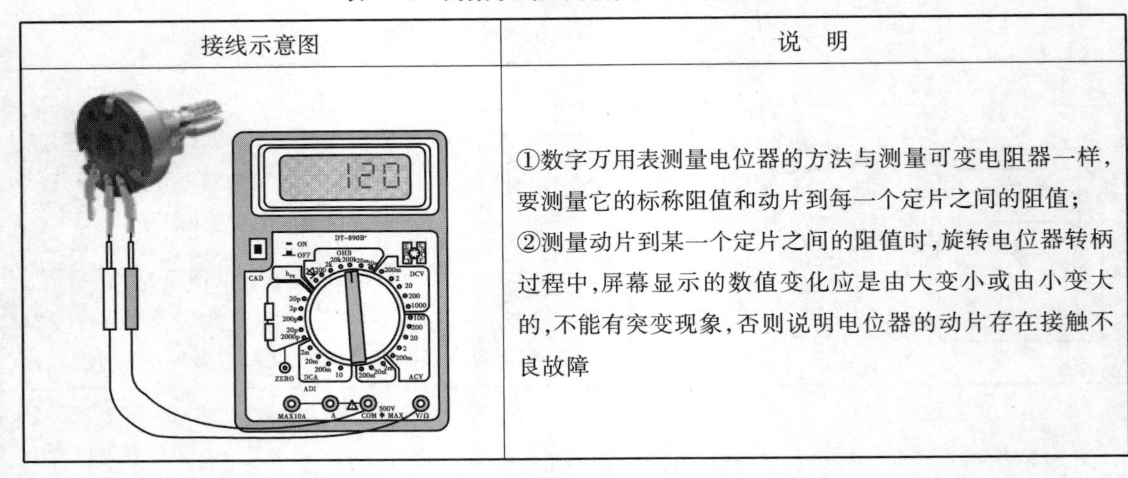

接线示意图	说　明
	①数字万用表测量电位器的方法与测量可变电阻器一样，要测量它的标称阻值和动片到每一个定片之间的阻值； ②测量动片到某一个定片之间的阻值时，旋转电位器转柄过程中，屏幕显示的数值变化应是由大变小或由小变大的，不能有突变现象，否则说明电位器的动片存在接触不良故障

二、技能实训

1. 实训内容

电阻器的识别与检测。

2. 实训目的

(1)学会识别各种常用电阻器(辨认)

(2)按电阻器的外表及标识判读标称阻值及允许偏差(主要是阻值)

(3)用万用表检测电阻值是否与标称值相符，检测可调电阻与电位器的好坏，同时进一步熟悉万用表的使用方法

3. 实训器材

指针式万用表 1 只，普通电阻 20 个(其中直标法、文字符号法、数码法共 10 个，色环电阻 10 个)，可调电阻 2 个，电位器 3 个。电阻阻值的配量可分为不同的 4 组，便于各组之间交换检测，反复练习。

4. 实训步骤

①从外观读出各个电阻器、可调电阻、电位器的阻值及允许偏差，填入表 5.17 中。

②用万用表电阻挡测量各电阻器、可调电阻、电位器的阻值，填入表 5.17 中，同时鉴别其好坏。

表 5.17 数据测量表

编 号	外表标志内容（或各道色环的颜色）	判读结果		万用表测出的阻值	好坏鉴别
		阻 值	允许偏差		
R1					
R2					
R3					
R4					
R5					
R6					
R7					
R8					
R9					
R10					
R11					
R12					
R13					
R14					
R15					
R16					
R17					
R18					
R19					
R20					
可调电阻 1					
可调电阻 2					
电位器 1					
电位器 2					
电位器 3					

5. 成绩评定

成绩评定表

学生姓名________________

评定类别		评定内容	得　分
实训态度（10分）		态度好、认真10分，较好7分，差0分	
万用表使用（5分）		正确5分，有不当行为酌情扣分	
实训器材安全（10分）		万用表损坏扣2分，丢失或损坏一个电阻扣1分，扣完为止	
实训步骤	外观识别（25分）	阻值识读正确1个给0.5分，允许偏差识读正确一个给0.5分	
	万用表检测（25分）	测量阻值正确1个给1分	
	好坏鉴别（25分）	鉴别正确1个给1分	
总　分			

思考与习题五

1. 电阻器有哪几个主要参数？

2. 电阻器参数的标注方法有几种？

3. 怎样判别电阻器的好坏？

4. 怎样判别电位器的好坏？

5. 指出下列各个电阻器上的标志所表示的标称值及允许偏差：5.1 kΩⅠ，9.1 ΩⅡ，6.8 kΩⅢ，2R7Ⅱ，R47Ⅰ，8R2Ⅲ，333Ⅰ，472Ⅱ，912Ⅲ。

6. 根据下列各色环标志，写出各电阻器的标称值及误差。

橙橙橙金	红红绿绿	红红棕银	绿棕红金	棕黑橙银
棕黑红红棕	橙白黄银	黄紫棕银	紫黄黄红棕	蓝灰橙银
紫黑黄红棕	棕黑黑银			

7. 用万用表测电位器的阻值变化时，若移动动片（旋转操纵柄）时，阻值有突变现象，说明该电位器的质量怎样，为什么？

实训六　电容器的识别与检测

一、知识准备

1. 电容器的识别

(1)电容器的型号及命名方法

电容器的型号由四部分组成,分别代表产品名称、材料、分类和序号。即

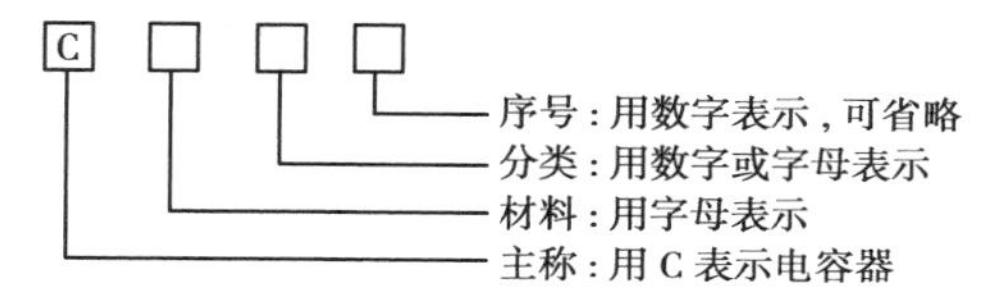

各部分字母或数字的含义见表6.1。

表6.1　电容器型号各部分字母或数字的意义

第一部分主称		第二部分材料		第三部分特征						
字母表示		字母表示		数字表示					字母表示	
符号	意义	字母	意义	意义	意义				字母	意义
					瓷介	云母	有机	电解		
C	电容器	A	钽电解	1	圆形	非密封	非密封	箔式	G	高功率
		B	聚苯乙烯等非极性薄膜	2	管形	非密封	非密封	箔式	T	
		C	高频陶瓷	3	叠片	密封	密封	烧结粉,非固体	W	微调
		D	铝电解	4	独石	密封	密封	烧结粉,固体		
		E	其他配料电解	5	穿心		穿心			
		G	合金电解	6	支柱等					
		H	纸膜复合	7				无极性		
		I	玻璃釉	8	高压	高压	高压			
		J	金属化纸介	9			特殊	特殊		
		L	聚酯等极性有机薄膜							
		N	铌电解							
		O	玻璃膜							
		Q	漆膜							
		ST	低频陶瓷							
		VX	云母纸							
		Y	云母							
		Z	纸							

例:聚酯薄膜管形电容　　　　　　微调瓷介电容

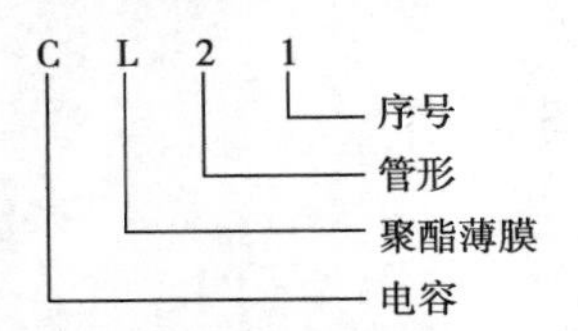

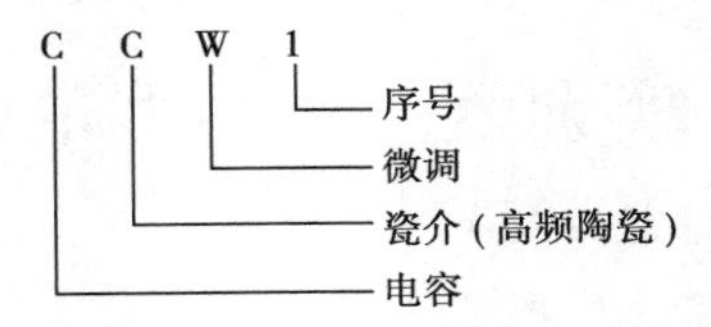

(2)电容器的外形及电路符号

常见电容器有固定电容、可变电容(半可变、微调)两大类,又有无极性和有极性电容之分。介质材料和外观形态多种多样,表6.2是部分电容器的实物示意图。

表6.2　部分电容器实物示意图

名称	低频瓷介电容器	涤纶电容	金属氧化膜电容器	贴片电容
实物示意图				
名称	高压瓷介电容器	高压涤纶电容	有极性电解电容	无极性电解电容
实物示意图			正极引线 负极引线	
名称	空气单联可变电容器	微调电容器	拉线微调电容器	密封可变电容器
实物示意图	动片 动片引出焊片 旋轴 定片焊片	动片焊片 安装孔 定片焊片	拉线 动片引线 定片引线	动片焊片 定片焊片 旋轴

常见电容器的电路符号如图 6.1 所示。

普通电容符号　新的有极性电容符号　旧的有极性电容符号

国外有极性电容符号　可变电容符号　微调电容符号

双联可变电容符号

图 6.1　电容器的电路符号

(3)常见电容器的主要参数及标注方法

1)电容器的主要参数

①标称容量与允许偏差。

标称容量是指电容器上所标注的容量大小,其数值与实训五中电阻器采用的系列值相同,即 E6,E12,E24 系列。

电容器偏差的含义与电阻器相同。电容器的偏差分别用 D(±5%),F(±10%),M(±20%)表示,通常容量越小,允许偏差越小。

②额定直流工作电压(耐压)。

电容器的耐压指在电路中能长期可靠地工作而不被击穿时所能承受的最大直流电压。如果电容器用在交流电路中,应注意所加的交流电压的最大值(峰值)不能超过电容器的耐压值。

电容器的耐压通常有:6.3 V,10 V,16 V,25 V,63 V,100 V,160 V,205 V,400 V,630 V,1 000 V,1 600 V,2 500 V。高压电容器的耐压有几万伏 ~10 万伏。一般来说,耐压越高,电容器的价格越贵。

③绝缘电阻及漏电流。

电容器的介质不可能绝对不导电。当电容器加上工作电压时,或多或少总有些漏电流。若漏电流太大,电容器就会发热损坏,严重时会使外壳爆裂,电解电容器的电解液则会向外溅射。因此,绝缘电阻越大漏电流越小,电容器的质量就越好。一般来说,电解电容(有极性的电容)的漏电流大些。电子设备的故障有不少都是因某个电容的漏电流太大,被击穿而造成的。

2)电容器的标称容量的标注方法

①直标法。

直标法指在电容体表面直接标出电容器的容量、偏差、耐压等,如图 6.2 所示。

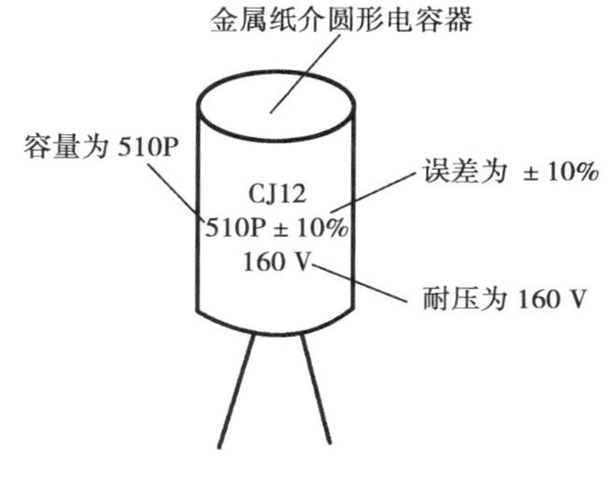

图 6.2　电容器直标法示意图

注意:直标法有两种特例,一是省略整数位的零,如.01 μF 表示 0.01 μF;二是有时用 R 表示小数点,如 R47 μF,表示 0.47 μF。

②数字表示法。

数字表示法是指只标数字不标单位的直接表示法,采用这种表示法的容量单位有 pF 和 μF 两种。那么,怎么来区分呢?对普通电容器省略不标出的单位是 pF,对电解电容器,省略不标出的单位是 μF。

如普通电容器上标志为“3”“47”“6 800”,分别表示 3 pF,47 pF,6 800 pF。

如电解电容器标志为“1”“47”“220”,则分别表示 1 μF,47 μF,220 μF。

③数字字母法。

数字字母法指用阿拉伯数字和字母有规律地组合在一起标注在电容器上来表示电容器的容量。字母之前的数字为整数,字母之后的数字为小数,字母表示数值的量级。有 P,n,M(μ),G(m)几种,各字母的含义见表 6.3。

表 6.3　数字字母法中各字母的含义

字　母	含　义	换算后为	字　母	含　义	换算后为
P	10^{-12}	皮法	M(μ)	10^{-6}	微法
n	10^{-9}	纳法(不常用)	G(m)	10^{-3}	毫法(不常用)

此表示法相对来说较复杂,一般都应换算成常用的 pF 和 μF。熟悉后换算就快了。

如:“1P5”表示 1.5×10^{-12} F,即 1.5 pF;

“330n”表示 330×10^{-9} F,即 0.33 μF;

“4μ7”表示 4.7×10^{-6} F,即 4.7 μF;

“M1”表示 0.1×10^{-6} F,即 0.1 μF;

“1M5”表示 1.5×10^{-6} F,即 1.5 μF;

“G5”表示 0.5×10^{-3} F,即 500 μF。

④数码表示法。

一般用三位数字表示电容器容量大小,其单位为 pF。其中第一位、第二位为有效数字,第三位为倍乘数,即表示有效数字后有多少个“零”。

如:“103”表示 10 000 pF,也可转换为 0.01 μF;

“331”表示 330 pF;

“630”表示 63 pF。

特例:第三位为“9”时,表示有效数字乘以 0.1,如“479”表示 4.7 pF。

⑤色标法。

色标法指用不同色带(或色点)标注在电容器上表示电容器容量的方法。各颜色的含义与电阻器中介绍的相同,读色顺序为:立式电容器沿引线方向从上至下排列;轴式电容器其顺序为从最靠近引线一端开始为第一条色带(环)、前两条色带(环)表示有效数字,第三条色带(环)为倍乘数(10^n),单位为 pF。有的标有第四条色带表示误差。若某条色带(环)的宽度等于标准宽度的 2 倍或 3 倍,则表示相同颜色的 2 个或 3 个色带(环),举例如图 6.3 所示。

注意:对有极性电容的正、负极的标注有两种方法,一是电容器外壳引脚处标有“ - ”号的引脚为负极,另一只引脚必然为正极;二是电容器的两根引脚长短不齐,长的一根引脚为正极,短的一根引脚为负极。

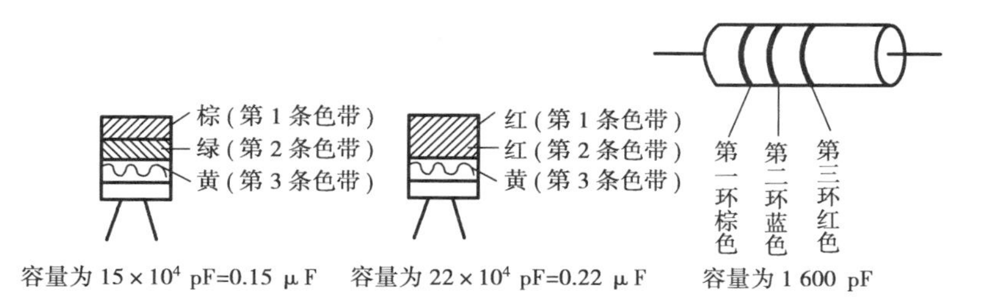

图 6.3　色标法电容示意图

(4)电容器的选用

电容器的选用原则见表 6.4。

表 6.4　电容器的选用原则

电路要求	选用电容
要求不高的低频电路和直流电路	价格较低的纸介电容(CJ,CZ 型)也可选用低频瓷介电容(CT 型)
要求较高的中、高频电路,音频电路	选用塑料薄膜电容(CB,CL 型)
高频电路	选用高频瓷介(CC 型)、或云母(CY 型)电容器
电源滤波、退耦、旁路等电路	选用容量较大的铝电解电容(CD 型)有极性,使用时要分清正负极
定时、延时电路	选用价格较高,质量稳定可靠的钽电解电容(CA 型)
电视机行输出、电源等有高压的电路	选用高频瓷介(CC 型)或其他专用高压型电容器
电风扇、洗衣机中的电动机电路	专用交流电容器
谐振、调谐等电路	可变、半可变或微调电容器

2. 万用表检测电容器

用万用表检测电容器有两种情况,一是用指针式万用表的电阻挡粗略地估测电容器的质量好坏,不能测出准确的容量;二是用有电容器容量测量功能的数字万用表测出电容器的容量,与标准的容量进行对比,数值接近,表示电容器是好的,如测出的容量与标注的容量相差很大,说明电容器已坏。

用指针式万用表欧姆挡测量电容器质量好坏的原理如图 6.4 所示。欧姆挡表内电阻与被测电容串联,由表内电池通过表内电阻对被测电容进行充电。充电电流就流过表内的表头(电流表)线圈,带动表针向右偏转,电容器容量越大,充电电流就越大,表针偏转的角度也越大,然后充电电流将逐步变小,所以表针摆到最大角度后开始向左边回转,最后回到无穷大处,表明充电结束,充电电流为零。这种万用表欧姆挡表笔接触电容器两根引脚后,表针先向右偏转一个角度,然后向左回转到无穷大处的现象实际就是电容器

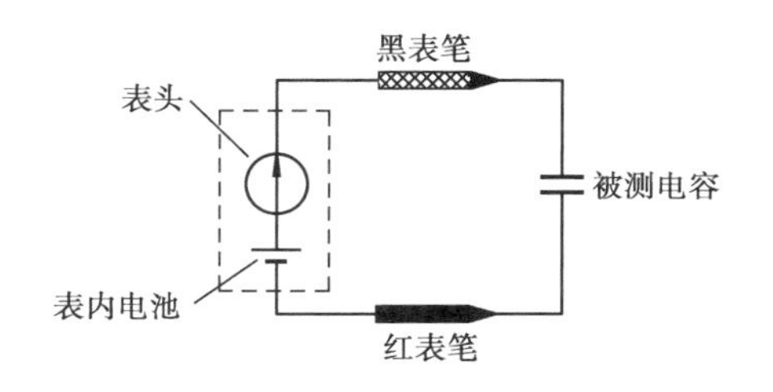

图 6.4　万用表欧姆挡测电容器好坏的示意图

的充电现象,当然是没有损坏的电容才有这一现象。我们就利用这一原理,对电容质量进行判别。

(1)非电解电容的检测

由于非电解电容无极性且容量较小,用指针式万用表只能定性检测其是否漏电或击穿,检测方法见表6.5。

表6.5　用指针式万用表检测非电解电容器的方法

接线示意图	表针指示	说　明
6 800 pF至1 μF R×10 K 测量容量为6 800 pF至1 μF电容器	×10 K Ω 0	由于容量小,充电现象不太明显,测量时表针向右偏转角度不大。如果第一次测量没有看清楚,可将电容器两引脚短接放电后再次测量
	×10 K Ω 0	由于小电容容量小,漏电电阻非常大,所以测量时使用R×10 K挡,这样测量结果更为准确
	×10 K Ω 0	如果测量中表针指示的电阻值(漏电阻)不是无穷大,说明该电容器存在漏电故障,质量有问题。若阻值为零说明电容器已被击穿
小于6 800 pF电容器 R×10 K 测量容量小于6 800 pF电容器	×10 K Ω 0	由于电容器的容量太小,已无法看出充电现象,所以测量时表针不偏转,这时测量只能说明电容器不存在漏电故障,不能说明电容器是否开路
	×10 K Ω 0	如果测量有电阻,说明该电容器存在漏电故障

(2)电解电容器的检测

电解电容器的容量比非电解电容器的容量大一些,所以充电现象比较明显,但漏电阻要小一些(表针不能向左回转到无穷大处),一般为几百千欧以上。检测方法见表6.6。

表 6.6　用指针式万用表检测电解电容的方法

接线示意图	表针指示	说　明
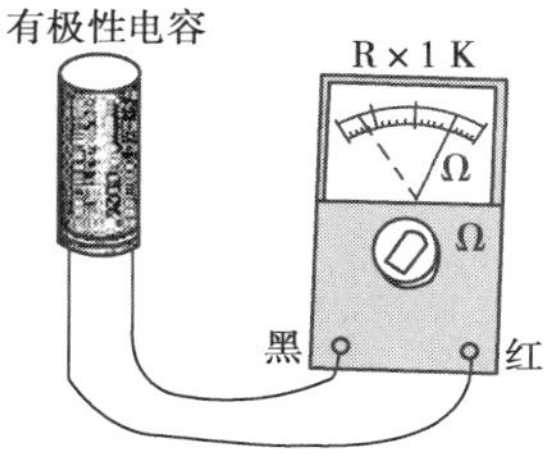 有极性电容 R×1 K Ω　Ω 黑　红	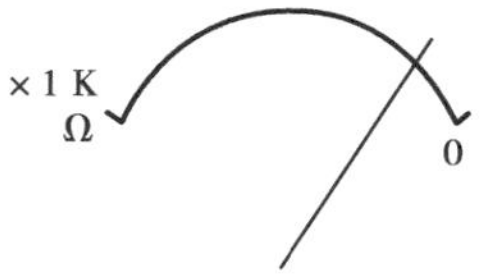 ×1 K Ω　0	黑表笔接电容的正极,红表笔接负极,表针迅速向右偏转一个角度,这是表内电池对电容开始充电,电容器容量越大,指针偏转的角度越大,若表针没有向右偏转,说明电容开路或失效
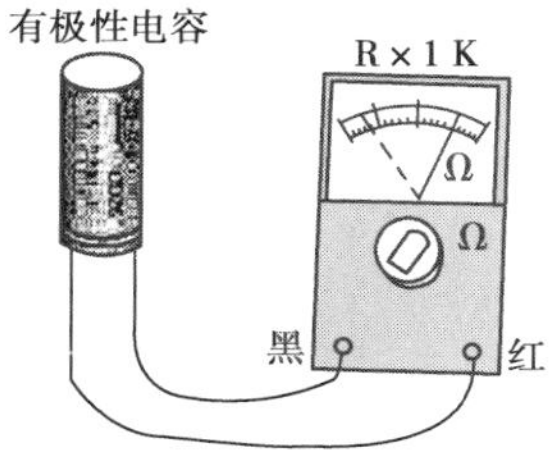 有极性电容 R×1 K Ω　Ω 黑　红	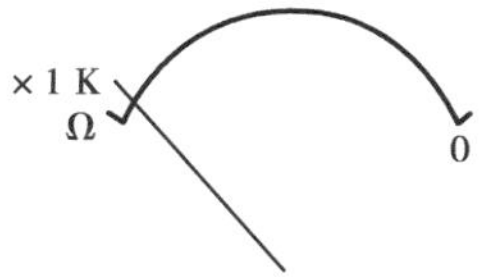 ×1 K Ω　0	表针到达最右端之后,开始缓慢向左偏转,这是表内电池对电容器充电电流减小的过程,表针直到偏转至阻值接近无穷大处,说明电容器质量良好。表针指示的电阻值即为漏电阻值
	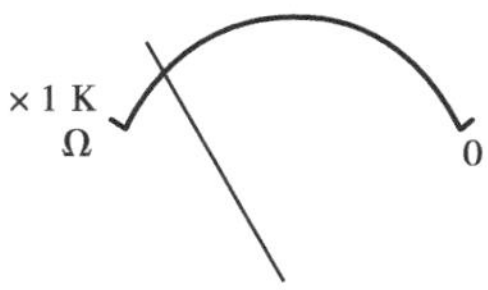 ×1 K Ω　0	如果测量中表针指示的电阻值(漏电阻)不是无穷大,说明该电容器存在漏电故障,质量有问题。若阻值为零说明电容器已击穿
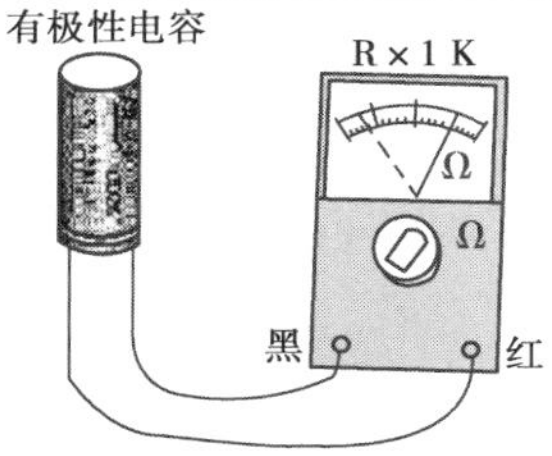 有极性电容 R×1 K Ω　Ω 黑　红	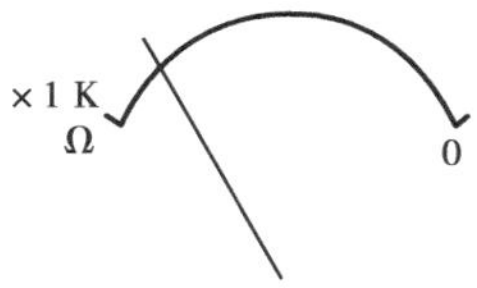 ×1 K Ω　0	若电解电容的正、负极标注不明显可以将正、负极判别出来,方法是先任意测一次漏电阻,记住其大小,然后交换表笔再测一次,两次测量中漏电阻阻值大的那一次黑表笔接的就是电解电容器的正极,红表笔接的是负极

(3)用数字万用表测量电容器的容量

现在的数字万用表一般设有电容器容量的测量功能,因此,可以利用这一功能来检测电容器的容量。检测方法见表 6.7。

表 6.7　用数字万用表检测电解电容的方法

数字万用表档位图	表盘显示	说　明
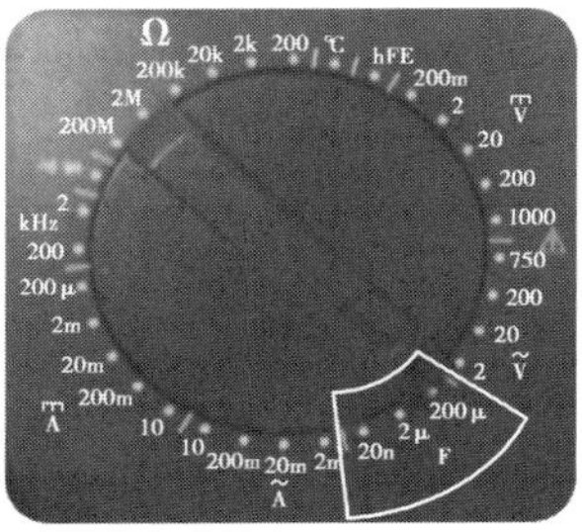 Ω 200k 20k 2k 200 ℃ hFE 200m 2 20 200 1000 750 200 20 2 200μ 2μ 20n F 2n 20m 200m 10 20m 200m 200μ 200 kHz 2 2M 200M	 00.01 μF	将电容两端短接,对电容放电;将功能开关转换为电容的合适量程;将电容器直接插入电容测量插座"C_X",如有极性,按照极性正确连接,等待读数稳定后再读数,注意后面单位。 特别说明:在检测前,先将电容器两极板短接,释放掉原来储存的电能

(4)可变电容器的检测

万用表置于 R×10 K 挡,两根表笔分别接可变电容器的动片和定片的引出脚,此时来回旋转可变电容的转轴，万用表的指针都应在无穷大处不动。如果旋转到某一角度指针有偏转现象，说明该可变电容器动片和定片之间有碰片（短路）或漏电现象，不能使用。

二、技能实训

1. 实训内容

电容器的识别与检测。

2. 实训目的

(1)学会识别各种常见电容器

(2)能根据电容器外壳上的标注读出其容量，误差及耐压

(3)能用万用表检测电容器的好坏

3. 实训器材

指针式万用表、数字式万用表各一只。无极性电容器 15 只（每种标注方法各 3 只），电解电容 5 只，单、双联可变电容器各 1 只，微调电容器 3 只、损坏了的电容器 5 只。

4. 实训步骤

①从外观读出各只电容器的容量、偏差、耐压并填入表 6.8 中。

②用指针式万用表和数字式万用表分别将每只电容器各测一次，并判定其好坏，且将检测数据填入表 6.8 中。

表 6.8　数据测量表

类别	编号	外观识别			指针式万用表检测			数字表检测容量	好坏鉴别
		容量	偏差	耐压	挡位	指针右偏至最大角度时的阻值	指针左回转至终点时的阻值		
无极性电容	C1								
	C2								
	C3								
	C4								
	C5								
	C6								
	C7								
	C8								
	C9								
	C10								
	C11								
	C12								
	C13								
	C14								
	C15								

续表

类别	编号	外观识别			指针式万用表检测			数字表检测容量	好坏鉴别
		容量	偏差	耐压	挡位	指针右偏至最大角度时的阻值	指针左回转至终点时的阻值		
电解电容	C16								
	C17								
	C18								
	C19								
	C20								
可变电容	C21								
	C22								
	C23								
	C24								
	C25								
坏电容	C26								
	C27								
	C28								
	C29								
	C30								

5. 成绩评定

成绩评定表

学生姓名________________

<table>
<tr><th colspan="2">评定类别</th><th>评定内容</th><th>得　分</th></tr>
<tr><td colspan="2">实训态度及纪律(5 分)</td><td>态度端正、纪律好 5 分,较好 3 分,差 0 分</td><td></td></tr>
<tr><td colspan="2">实训器材安全(5 分)</td><td>万用表损坏扣 2 分,丢失或损坏一个电容器扣除 1 分,扣完为止</td><td></td></tr>
<tr><td rowspan="4">实训内容</td><td>外观识别(30 分)</td><td>三个参数均正确每只电容器给 1 分,有错就不给分,有的电容器只标出容量,读正确一个就给 1 分</td><td></td></tr>
<tr><td>指针万用表检测(30 分)</td><td>检测正确一个给 1 分</td><td></td></tr>
<tr><td>数字表检测(15 分)</td><td>检测正确一个给 0.5 分</td><td></td></tr>
<tr><td>好坏鉴别(15 分)</td><td>鉴别正确一个给 0.5 分</td><td></td></tr>
<tr><td colspan="3">总　分</td><td></td></tr>
</table>

思考与习题六

1. 电容器有哪几个主要参数,在使用中要特别关注哪两个参数?

2. 电容器参数的标注方法有哪几种?

3. 怎样判别无极性电容器的好坏?

4. 怎样判别电解电容器的好坏?

5. 怎样判别电解电容器的正、负极?

6. 自己到商店去购买不同类型的电容器 10 只,按表 6.8 的要求进行检测和填写,同学间开展互相评分。

7. 在外观识别和万用表检测中,总结 1 ~3 条小经验(书面)并与同学交流。

实训七　电感器的识别与检测

一、知识准备

1. 电感器的分类

电感器按结构及用途可分为两大类:电感线圈和变压器。

(1)常见电感线圈

常见电感线圈见表7.1。

表7.1　常见电感线圈

名　称	外　形	电器符号	用途或特点
小型固定电感线圈			电感量小且不可调
空心线圈			电感量很小,用于高频电路
磁芯电感线圈			电感量较大
可调电感线圈			电感量在较大范围内可调节

续表

名　称	外　形	电器符号	用途或特点
微调电感线圈		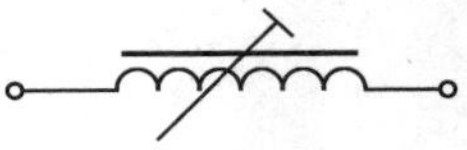	电感量在较小范围内可调节
高频扼流圈	 JC BLX-5		用于高频电路,阻止高频信号通过
低频扼流圈	 LSR10		用于低频电路,阻止低频信号通过

(2)常见变压器

常见变压器见表7.2。

表7.2　常见变压器

名　称	外　形	电路符号	用途或特点
低频变压器	 电源变压器	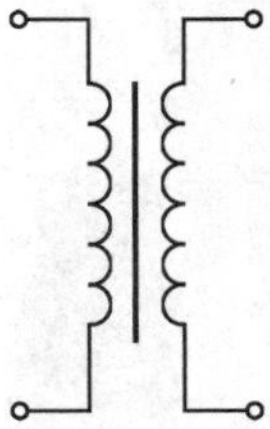	变换电压、电流,还有隔离作用
	 音频变压器	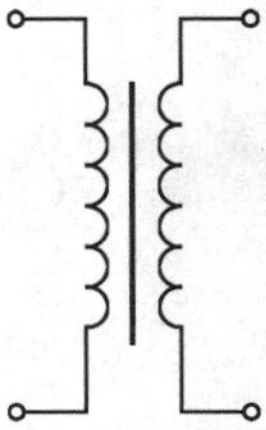	阻抗匹配、耦合

续表

名　称	外　形	电路符号	用途或特点
中频变压器（中周）			变换电压、电流、阻抗；选频、耦合
高频变压器（耦合线圈）			用于高频电路中，如天线线圈、振荡线圈

2. 电感器的主要参数

（1）电感线圈的主要参数

电感线圈的主要参数见表7.3。

表7.3　电感线圈的主要参数

参数名称	符　号	含　义	主要用途
电感量	L	反映电感线圈的固有特性，与线圈的匝数、结构有关，与外部电路参数无关	选择电感线圈的一个重要参数
允许误差		指电感量允许在规定的误差范围内，有Ⅰ级（±5%），Ⅱ级（±10%），Ⅲ级（±20%）	作为选择电感量的一个参考指标
品质因素	Q	电感线圈的储能与耗能之比	谐振回路中尽量选择品质因素大的电感线圈
额定电流	I_0	指电感线圈在电路中正常使用时承受的最大电流	作为电感线圈在电路中安全性的重要选择参数

（2）变压器的主要参数

变压器的主要参数见表7.4。

表 7.4　变压器的主要参数

参数名称	符号	含　义	用　途
匝数比	N	初级线圈的匝数与次级线圈的匝数之比	一般变压器上未标注
额定功率	P_0	指在规定的条件下，长时间工作而输出的最大功率	选用时额定功率要不小于实际功率
效率	η	输出功率与输入功率的百分比	效率越高，变压器质量越好；尽量选择效率高的变压器
温升	t_0	变压器长期工作时，其温度与环境温度的差值	温升越小，变压器质量就越好；一般温升标注在变压器铭牌上
绝缘电阻	R_0	变压器各绕阻间的直流电阻	选用时，应选择绝缘电阻比实际要求的大或相等的变压器

(3)电感器的参数表示方法

电感线圈的参数表示方法有直标法、色标法、数码法。色标法的色码含义和计算方法同色码电阻器的方法一致。变压器的参数表示方法一般采用直标法。

3. 用机械式万用表检测电感器

(1)用机械式万用表检测电感线圈的方法

用机械式万用表检测电感线圈的方法见表 7.5。

表 7.5　万用表检测电感线圈的方法

接线示意图	表针指示	说　明
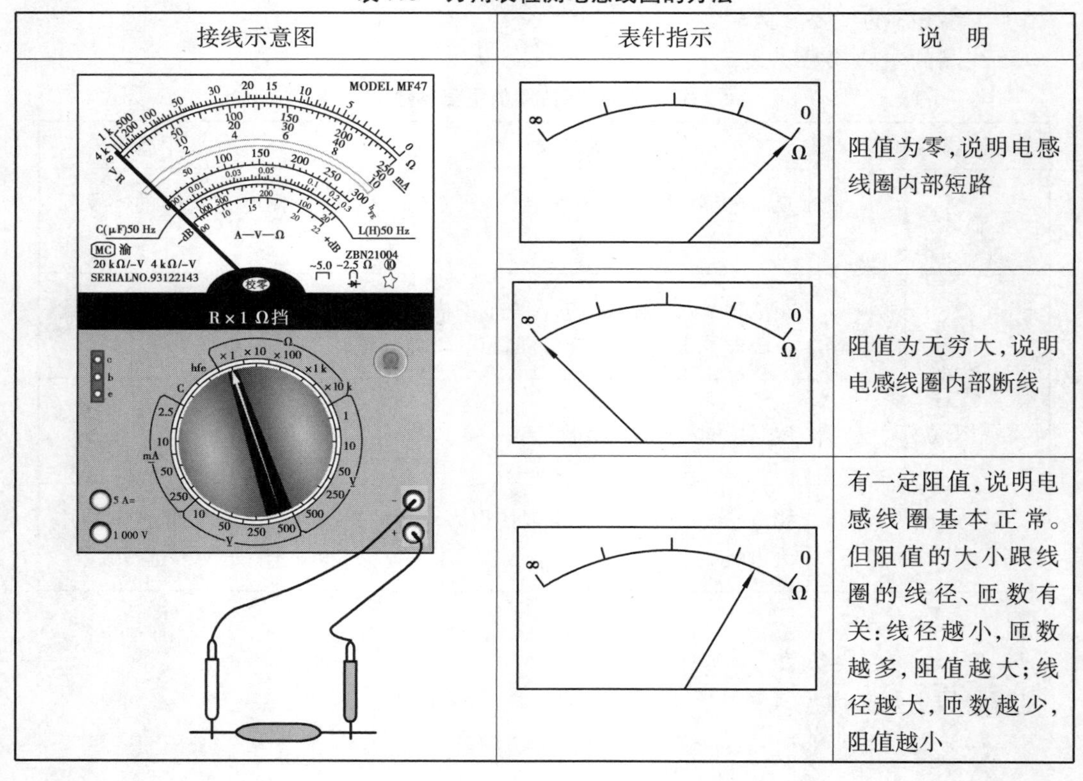		阻值为零，说明电感线圈内部短路
		阻值为无穷大，说明电感线圈内部断线
		有一定阻值，说明电感线圈基本正常。但阻值的大小跟线圈的线径、匝数有关：线径越小，匝数越多，阻值越大；线径越大，匝数越少，阻值越小

(2)用机械式万用表检测变压器

用机械式万用表检测变压器见表7.6。

表7.6 用万用表检测变压器

检测项目	接线示意图	表头指示	说 明
一个绕阻检测	与电感线圈相同	与电感线圈相同	与电感线圈相同
绝缘电阻检测	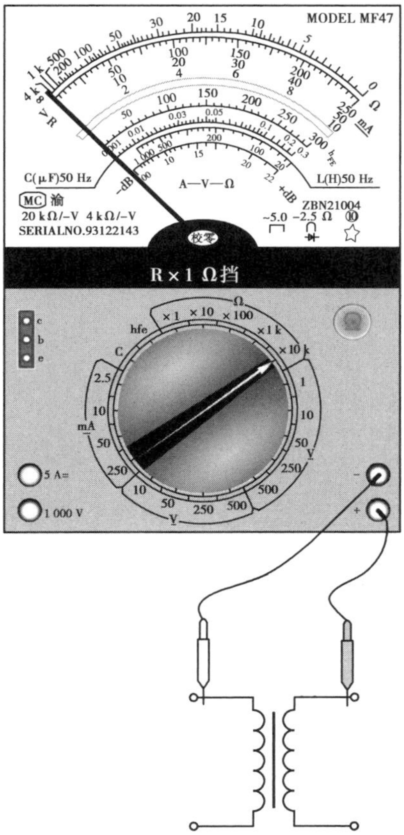 MODEL MF47 R×1 Ω挡	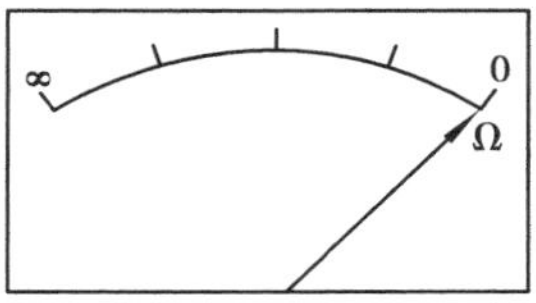	阻值为零,说明绕阻绝缘击穿短路
		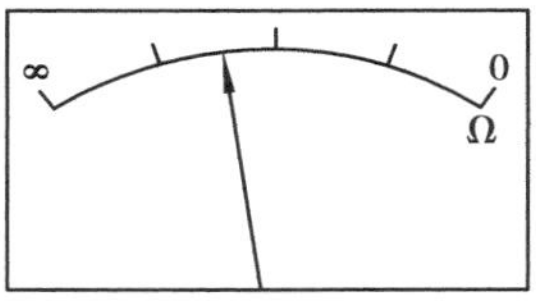	阻值较小,说明绕阻间有漏电现象,且阻值越小,漏电越严重
		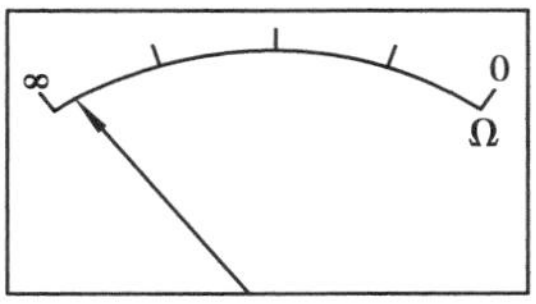	阻值很大。阻值越大,绝缘效果越好
同名端检测		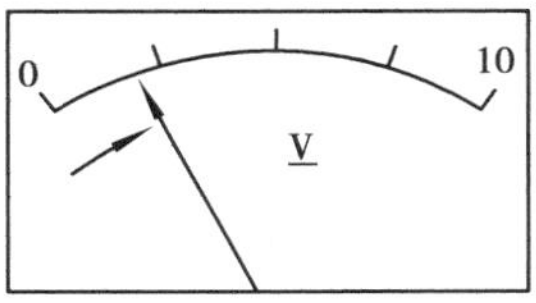	万用表指针正偏,说明A与C为同名端

续表

检测项目	接线示意图	表头指示	说　明
同名端检测	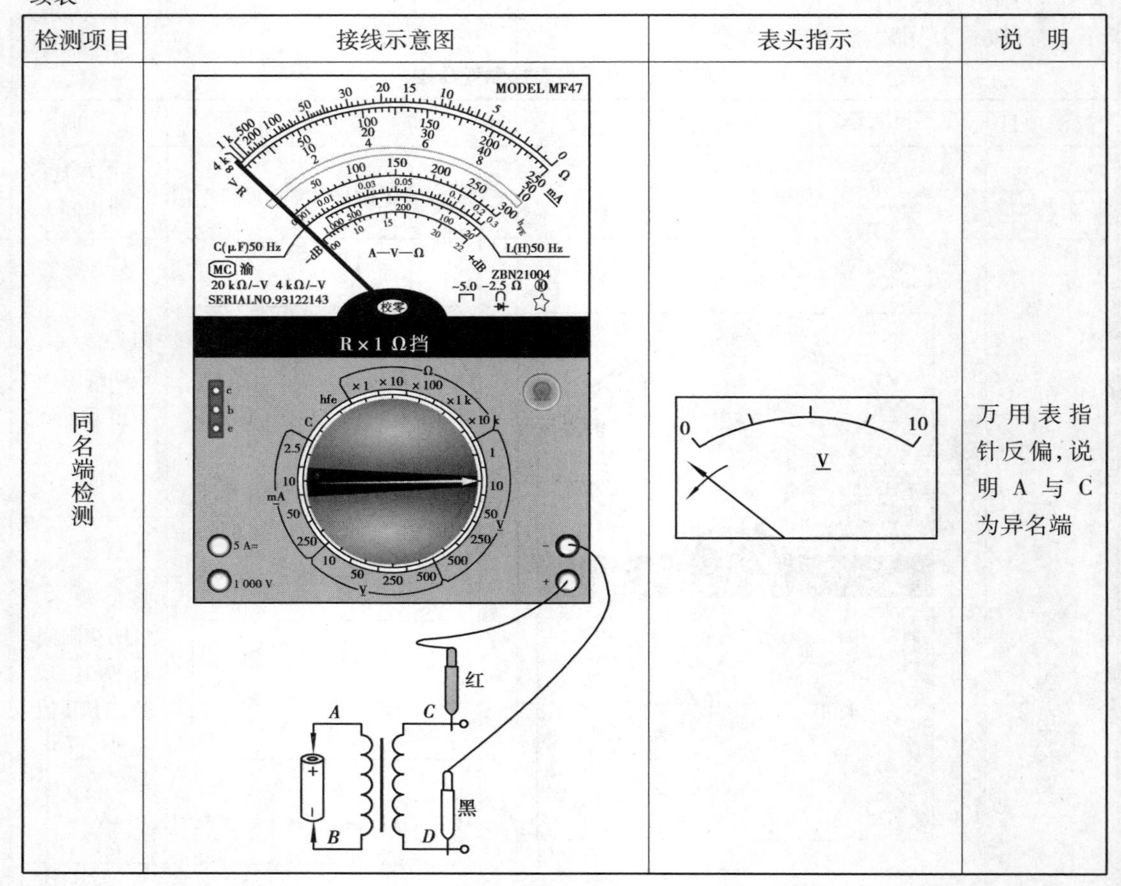		万用表指针反偏，说明 A 与 C 为异名端

根据以上测试方法，请用数字万用表对电感器和变压器进行测量。

二、技能实训

1. 实训内容

电感器的识别与检测。

2. 实训目的

（1）学会常用电感器的辨认

（2）通过电感器上的标识识别电感器的部分参数

（3）用万用表检测电感器大致是否可用，判断变压器的同名端，从而进一步熟悉万用表的使用方法

3. 实训器材（每一组）

指针式万用表 1 只、1 号干电池（1.5 V）一节、直标法电感线圈 5 只、色标法电感线圈 5

只、数码法电感线圈 5 只，变压器 3 只(一个次级绕组、二个次级绕组、三个次级绕组的变压器各 1 只)，导线若干。每一组检测元件数量一致，但型号可有不同搭配，便于各组之间交换识别和检测。

4. 实训步骤

①通过电感线圈的外观，识别电感线圈的电感量、允许误差，填入表 7.7 中。

②用万用表检测电感线圈的直流电阻值，填入表 7.7 中，并判断其好坏。

表 7.7　电感线圈的识别与检测

编　号	外表上标注内容或颜色	识别结果		直流电阻	好坏判断
		电感量	允许误差		
直标法 1					
直标法 2					
直标法 3					
直标法 4					
直标法 5					
色标法 1					
色标法 2					
色标法 3					
色标法 4					
色标法 5					
数码法 1					
数码法 2					
数码法 3					
数码法 4					
数码法 5					

③用万用表检测变压器各绕阻的直流电阻值，填入表 7.8 中，并判断有无开路和短路现象。

④用万用表测量变压器各绕阻间的绝缘电阻，填入表 7.8 中，并大致判断绝缘性能的好坏。

表 7.8　变压器的检测

编号	外表上标记（或铭牌）	通过标记和形状大致判断变压器类型或用途	用万用表测各绕阻直流电阻			用万用表检测绕阻间绝缘电阻		
			绕阻编号	阻值	是否正常	绕阻间	阻值	是否正常
1			L1			L1-L2		
			L2					
2			L1			L1-L2		
			L2			L2-L3		
			L3			L3-L1		
3			L1			L1-L2		
			L2			L2-L3		
			L3			L3-L4		
			L4			L4-L1		

⑤用万用表和干电池判断变压器的同名端，写出判断方法，填入表 7.9 中。

表 7.9　变压器同名端判断

编　号	变压器类别或型号	检测示意图	检测结果
1			
2			

5. 成绩评定

成绩评定表

姓名＿＿＿＿＿＿＿＿

评定项目	评分标准	得　分
实训态度（10 分）	遵守实训室规程，认真 10 分；较好 5 分；差 0 分	
万用表使用（5 分）	正确 5 分，有不当行为酌情扣分	
实训安全（10 分）	人身安全 2 分，器材安全 8 分。万用表损坏扣 2 分，丢失或损坏电感器一个扣 1 分，扣完为止	

续表

评定项目	评分标准		得　分
实训内容(75分)	电感线圈识别(15个共15分)	电感量识别正确1个0.5分,允许误差正确识别一个0.5分	
	用万用表判断电感线圈的好坏(15个共30分)	正确测量1分,正确判断1分	
	用万用表测变压器绕阻的直流电阻(3个共15分)	一个变压器正确测量3分、正确判断2分	
	用万用表测变压器各绕阻的绝缘电阻(3个共9分)	一个变压器正确测量2分、正确判断1分	
	用干电池、万用表测量变压器同名端(2个共6分)	一个变压器正确测量2分、正确判断同名端得1分	
总　分			

思考与习题七

1. 电感线圈分为哪几大类?
2. 电感线圈有哪几个主要参数?
3. 电感线圈有哪几种标注方法?
4. 用万用表怎样大致检测电感线圈的好坏?
5. 怎样测量变压器的绝缘电阻?
6. 怎样测出变压器绕阻的同名端?

实训八　电动机的维修

一、知识准备

1. 单相、三相电机的外形及内部结构

(1)单相电动机外形与内部结构

单相电动机外形如图8.1所示。

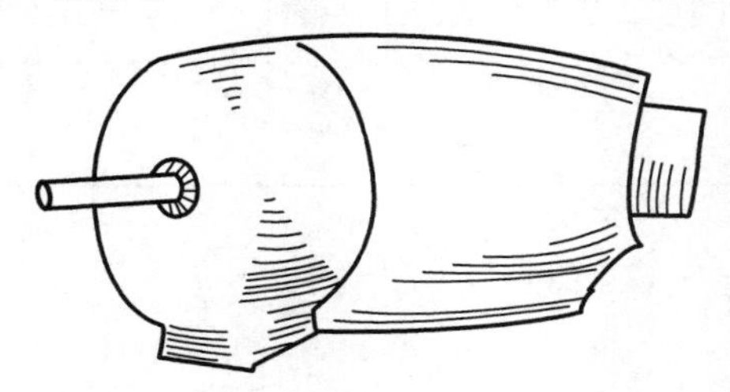

图8.1　单相电动机外形

单相电动机内部结构如图8.2所示。

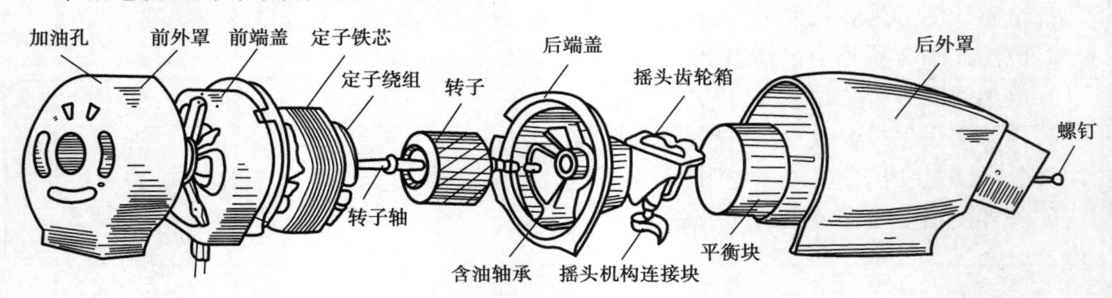

图8.2　单相电动机内部结构

现将单相电动机主要结构及作用介绍如下。

1)定子

定子由定子铁芯、定子绕组和外壳(机座)组成。其作用是通入单相交变电流时产生旋转磁场,带动转子旋转。

定子铁芯构成电动机磁路的一部分,由0.35~0.5 mm硅钢片迭压而成。铁芯用片状结构且每片之间进行过绝缘处理,可大量减少磁滞和涡流等能量损失。

定子绕组构成电动机电路部分。在定子圆周上按一定规律均匀分布,绕组的有效边被嵌放到定子铁芯槽内。

2)转子

转子的作用是在定子旋转磁场感应下产生电磁转矩,使转子沿着旋转磁场方向转动,对外

输出动力，带动工作机械做功。

转子由转子铁芯、转子绕组和转动轴三部分组成，如图 8.3 所示。

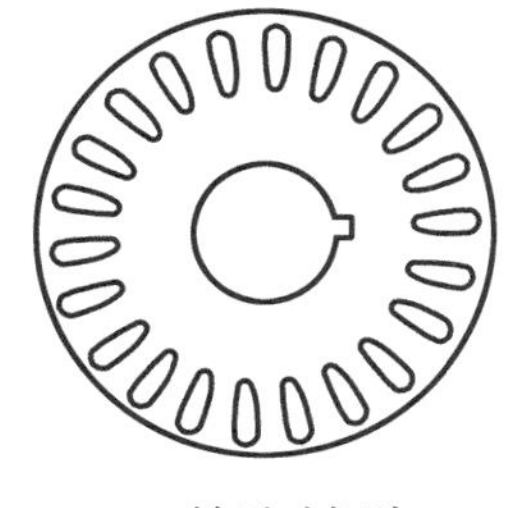

(a)转子硅钢片

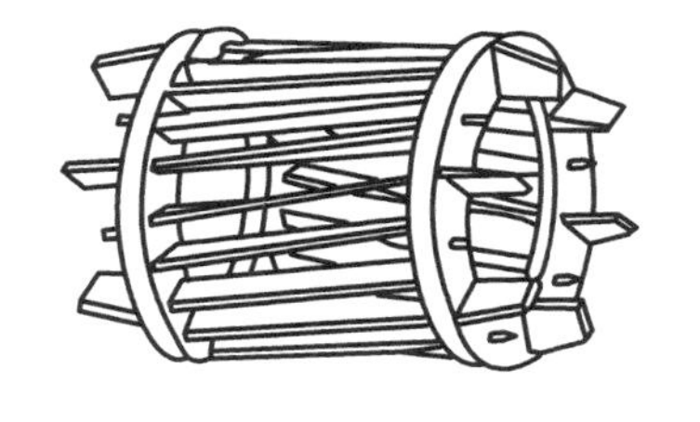

(b)笼型转子绕组

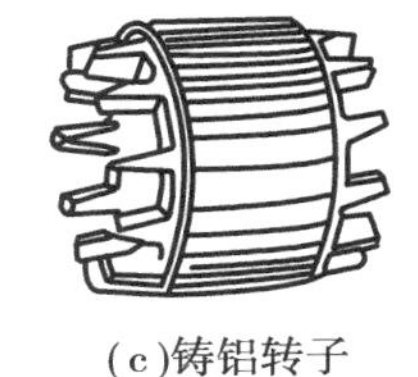

(c)铸铝转子

图 8.3　电动机笼型转子结构

3)其他附件

电动机除定子、转子两个主要部分外，还有端盖、轴承、轴承座、移相电容等其他构成附件。

(2)三相电动机的外形与内部构造

三相电动机外形如图 8.4 所示。

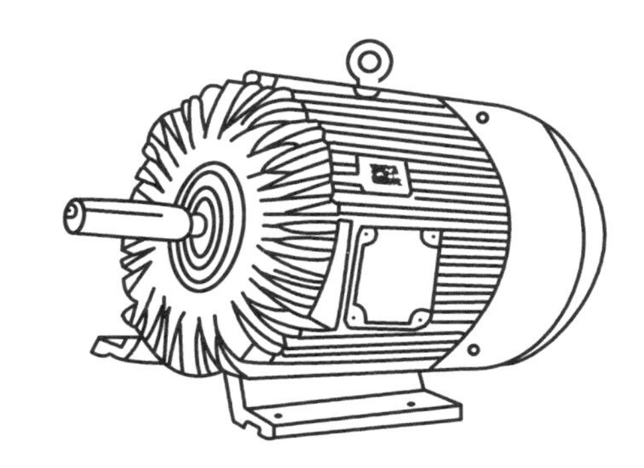

图 8.4　三相电动机外形

在结构上与单相电动机大同小异。它仍然由定子、转子、端盖、轴承、轴承座等组成。与单相电动机不同的是，它不需要移相电容，由于它的功率大，体积大，在机座外沿加了散热筋片，在转轴尾端配风扇叶，以利散热，为保护风扇叶和操作人员安全，在机座尾端还加装了尾罩。三相电动机总体结构如图 8.5 所示。

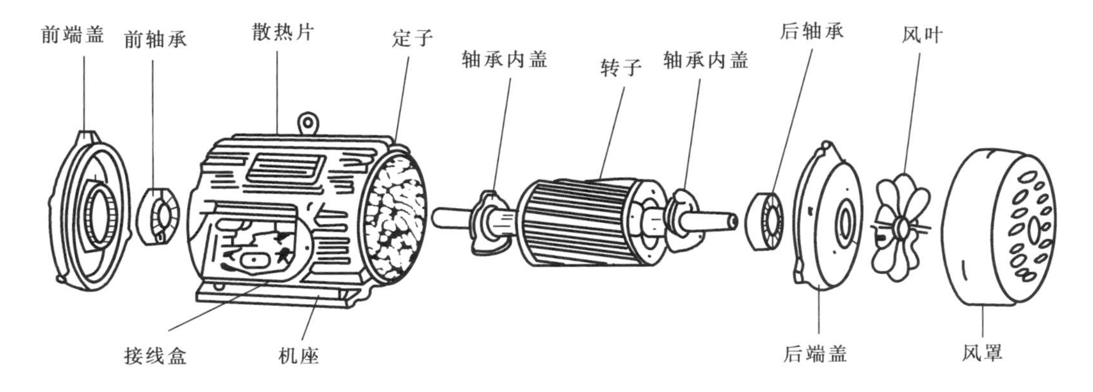

图 8.5　三相笼型异步电动机内部结构

在定子绕组结构上，单相电动机使用的是主绕组和副绕组两相绕组，而三相电动机则在定子圆周上嵌放 U、V、W 三相对称绕组。

2. 电动机的铭牌

所有的电动机，出厂时在机座上均装有一块铜质或铝质标牌，称为铭牌，在铭牌上扼要地标明了这台电动机的类型、主要性能、技术指标和使用条件。给用户使用和维修这台电动机提供了重要依据。

下面以三相电动机为例,综合说明三相、单相电动机铭牌的相关内容,表 8.1 为三相异步电动机的铭牌内容,表 8.2 对铭牌内容逐项加以说明。

表 8.1　三相异步电动机铭牌

三相异步电动机			
型号	Y112M-4	额定频率	50 Hz
额定功率	4 kW	绝缘等级	E 级
接法	△	温升	60 ℃
额定电压	380 V	定额	连续
额定电流	8.6 A	功率因数	0.85
额定转速	1 440 r/min	重量	59 kg
××电机厂			

表 8.2　三相异步电动机铭牌说明

内容(指标)	解　说
型　号	表示电动机品种、规格。如:Y—异步电动机,112—机座中心高(mm), M—机座号(S—短号,M—中号,L—长号),4—磁极对数
额定功率	电动机按铭牌所给条件运行时,轴端所输出的机械功率(kW)
额定电压	电动机在额定状态下运行时,加在定子绕组上的线电压(V)
额定电流	电动机在额定功率及额定电压下运行时,电网注入定子绕组的线电流(A)
额定频率	电动机所使用的电源频率,中国用 50 Hz
额定转速	转子输出额定功率时每分钟的转数
联　结	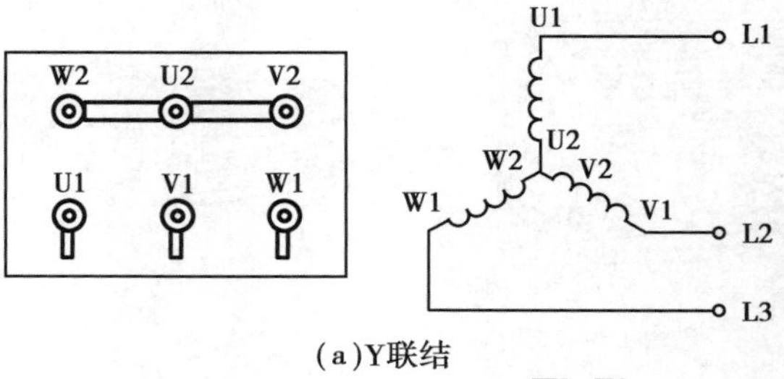W2 U2 V2 U1 V1 W1 U1 L1 U2 W2 V2 W1 V1 L2 L3 (a)Y联结 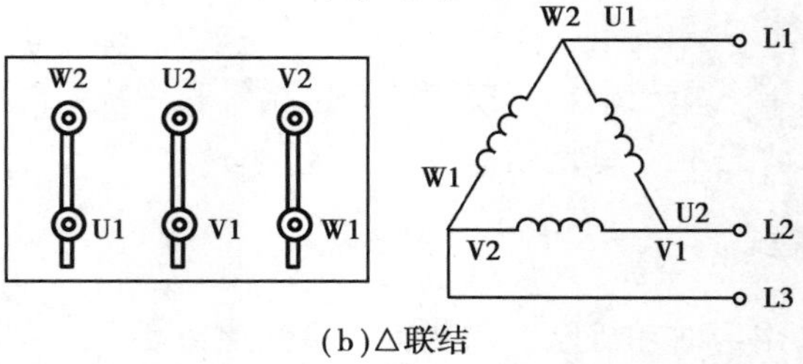W2 U2 V2 U1 V1 W1 W2 U1 L1 W1 U2 L2 V2 V1 L3 (b)△联结

续表

内容(指标)	解　说
定　额	分连续、短时和断续,连续指电动机不间断地输出额定功率而温升不超过允许值。短时指电动机只能短时输出额定功率,断续指电动机可短时输出额定功率,但可重复启动
温　升	电动机运行时机体温度数值与环境温度的差值(环境温度定为40 ℃)
功率因数	电动机从电网中吸取的有功功率与视在功率的比,视在功率一定时,功率因数越高,有功功率越高,电源利用率也越高
绝缘等级	指电动机绝缘材料的允许耐热等级,其对应温度是:A级—105,E级—120,B级—130,F级—155,H级—180

3.维修电动机的常用工具

电动机维修工具分通用工具和专用工具两大类。通用工具和仪表有万用表、兆欧表、钳形表、扳手、螺丝刀、钢丝钳等,在前面相关实训已有介绍。本实训将重点叙述维修电动机的专用工具,如划线板、划针、清槽片、压脚、绕线模、绕线机等,它们的名称、外形、用途见表8.3。

表8.3　维修电动机常用专用工具

名　称	外　形	用途与用法
划线板		又叫理线板,在嵌线时将导线划入铁芯槽,又能将已入槽的导线理顺划直。长150 ~ 200 mm,宽10 ~ 15 mm,厚3 mm
清槽片		用于清理电机铁芯槽内残存的绝缘物和锈斑,一般由废钢锯条磨制
压脚		用于压紧已嵌入铁芯槽内的导线。由黄铜或不锈钢制成。其工作部位的大小取决于所修电机铁芯槽的大小和形状
划针		用于包卷绝缘纸,铲出铁芯槽内残存的绝缘物、漆瘤、锈斑等

续表

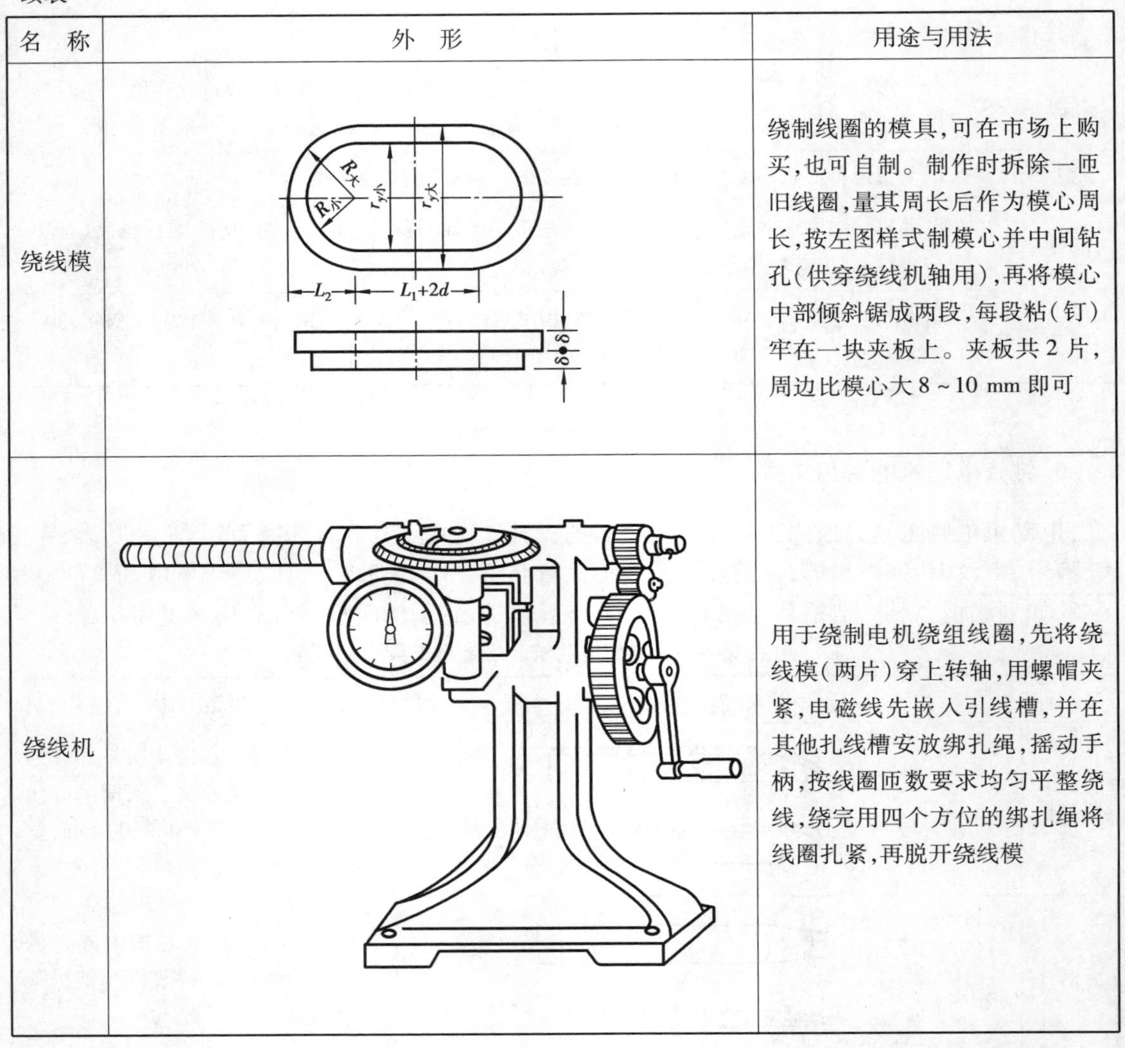

名　称	外　形	用途与用法
绕线模		绕制线圈的模具，可在市场上购买，也可自制。制作时拆除一匝旧线圈，量其周长后作为模心周长，按左图样式制模心并中间钻孔（供穿绕线机轴用），再将模心中部倾斜锯成两段，每段粘（钉）牢在一块夹板上。夹板共2片，周边比模心大8～10 mm即可
绕线机		用于绕制电机绕组线圈，先将绕线模（两片）穿上转轴，用螺帽夹紧，电磁线先嵌入引线槽，并在其他扎线槽安放绑扎绳，摇动手柄，按线圈匝数要求均匀平整绕线，绕完用四个方位的绑扎绳将线圈扎紧，再脱开绕线模

4. 单相电容式电动机的运转原理

单相电动机定子绕组由两套互成$\frac{\pi}{2}$电角度的绕组在定子内圆周上均匀分布于定子铁芯槽内，它们分别称为主绕组和副绕组。从图8.6可以看出，这种单相电动机内部，由于电容器的作用，将原来的单相电流分裂成了两相电流 i_1，i_2。根据图8.6所示，我们可以用表8.4所列不同时刻电动机的磁场变化规律来说明磁场的旋转情况，该表所列磁场变化如图8.6所示。

定子绕组旋转磁场的磁通在转子绕组中感应出电流，该感应电流的磁场与定子旋转磁场相互作用产生电磁转矩，该电磁转矩将拖动转子沿着定子旋转磁场的方向转动，向外输出动力。

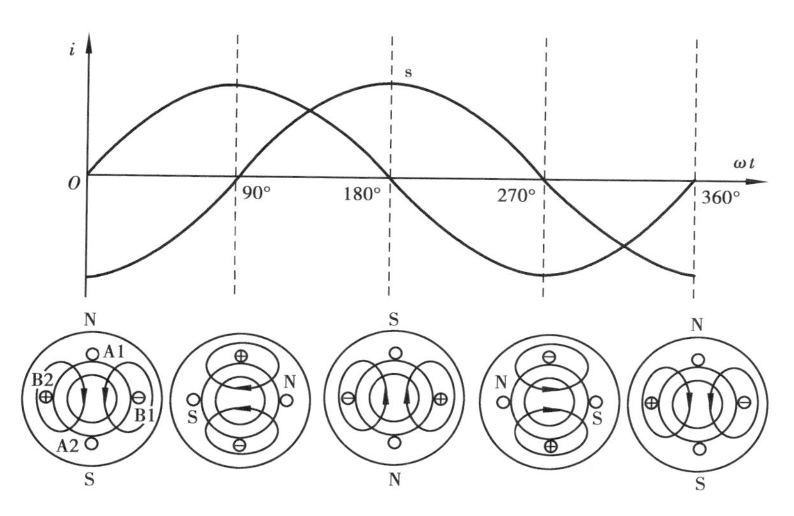

图 8.6 单相电容式电动机的旋转磁场

表 8.4 不同时刻电动机磁场的变化规律

时刻(电角度)	定子电流方向	磁场方向	磁场旋转规律	结 论
$\omega t=0$	左进右出	上N下S	逆时针旋转90°	交流电变化一周,磁场逆时针旋转一周
$\omega t=\pi/2$	上进下出	右N左S		
$\omega t=\pi$	右进左出	下N上S	同上	
$\omega t=3\pi/2$	下进上出	左N右S	同上	
$\omega t=2\pi$	左进右出	上N下S	同上	

5. 单相电动机的拆卸与装配

单相电动机由于体积小,重量轻,拆卸与装配都较为简单而省力。但必须按照其工艺要求,进行正常操作才能达到目的。否则不是损坏零部件,就是顺序混乱,拆卸后难于复原。下面以台扇电动机为例,用表 8.5 表述正常拆装的工艺要求。

表 8.5 单相电动机的拆卸与装配步骤

项 目		步 骤	工艺要点
拆卸	拆前准备	①记录引出线的接法	红—工作绕组,绿—启动绕组,黑—公共端
		②记录前后端盖	在前后端盖与定子结合处作记号
		③记录前后罩壳	在前后罩壳与定子结合处作记号
		④记录前后轴承	
	拆卸步骤	①拆除外接电源线和电容器接线	
		②拆除前后罩壳	对角交叉分步拆下紧固螺丝
		③拆除前后端盖,抽出转子	同上
		④拆除前后轴承压圈及轴承	同上

续表

项　目		步　骤	工艺要点
装配	装配步骤	①组装含油轴承并加润滑油	在轴承座内装入轴承加入适量变压器油或缝纫机油,再压紧轴承盖
		②将定子装入前端盖	按拆前所做记号装入前端盖,四周保持平整
		③装入转子	将转子负荷端装入前端盖轴承内,与定子铁芯对齐
		④组装后端盖,固定转子非负荷端	按拆卸前的记号对准装上后端盖。对角交叉分步旋紧端盖坚固螺丝
		⑤组装摇头机构	对准传动轴和齿轮安装并加足润滑油
		⑥连接电源线和电容器接线	

6. 单相电动机绕组的换修

(1)单相电动机的绕组拆换

1)专用术语

绕组拆换包括旧绕组的拆除和换入新绕组。在讨论该内容之前,先介绍绕组拆换中必须掌握的几个专用术语:

①极距(τ)。

图 8.7 是台扇电动机 16 槽定子铁芯绕组电流方向及磁场分布图。由图可见,这种定子绕组产生了四个磁极,以一个 S、一个 N 为一对磁极,共有两对磁极,磁极对数用 p 表示,则两对磁极为 $p=2$。图 8.8 是它的定子铁芯片。

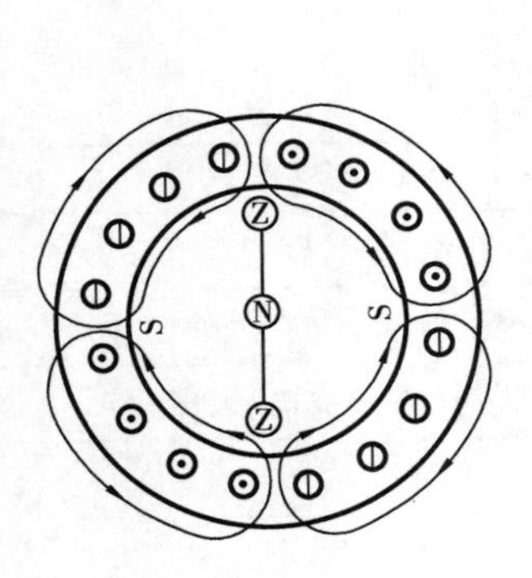

图 8.7　台扇电动机 16 槽定子铁芯示意图

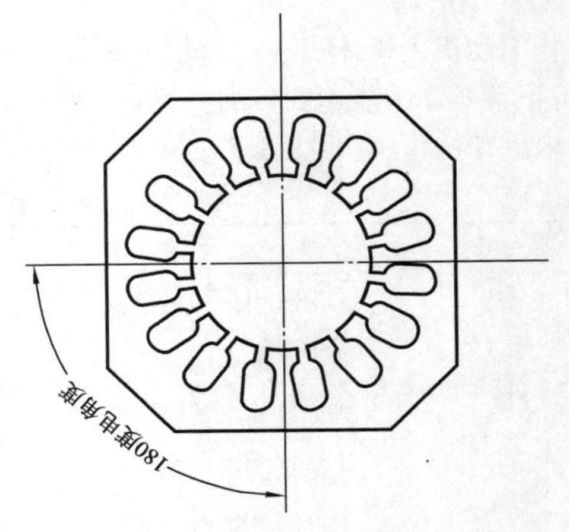

图 8.8　四极 16 槽台扇电动机定子铁芯片

所谓极距，就是电动机两个异性磁极之间的距离，通常用槽数计算，即

$$\tau = \frac{z}{2p}$$

式中　z——定子铁芯总槽数；

p——磁极对数（$2p$ 为磁极个数）。

如 16 槽 4 极电动机，极距为 $\tau = \frac{z}{2p} = \frac{16}{2 \times 2} = 4$（槽），如图 8.8 所示。

②节距。

节距指定子线圈两个有效边在定子铁芯圆周上所跨的距离，仍以槽数计算，用 Y 表示。如线圈的一边在第一槽，另一边在第四槽，则节距 $Y=3$，或用 $Y=1 \sim 4$ 来表示。

节距与极距相等，此绕组叫全节距绕组，节距小于极距的绕组叫短节距绕组。

③每极每相槽数。

每一个磁极中，每相电流所占的槽数叫每极每相槽数，用 q 表示，即

$$q = \frac{z}{2pm}$$

式中　q——每极每相槽数；

m——相数。

如 16 槽 4 极台扇电动机，启动绕组中的电流经电容器移相后（通常将电流移相 90°电角度，电角度的定义见本节），与工作绕组中的电流可看成两相电流，$m=2$。则这种电动机每极每相槽数为

$$q = \frac{Z}{2P} = \frac{16}{2 \times 2 \times 2} = 2(\text{槽})$$

④电角度。

围绕电动机定子铁芯圆周旋转一周为 360°，这是机械角。从电磁观点看，为分析电磁现象的方便，在技术上规定一对磁极（一个 N 极，一个 S 极）所占的铁芯圆周长度（即两个极距 2τ）为 360°电角度。这样每一个极距 τ 就相应为 180°电角度，如果电动机有 p 对磁极，那么它的铁芯圆周就有 $p \times 360°$电角度，即电动机电角度

$$\alpha = 2p \times 180° = p \times 360°$$

定子每槽电角度（后一槽与前一槽之间）

$$\alpha' = \frac{p \times 360°}{z}$$

例如 16 槽 4 极台扇电动机 $\alpha = 2p \times 180° = 720°$，它的每一槽所占电角度 $\alpha' = \frac{2 \times 2 \times 180°}{16} = 45°$

在懂得上述概念的基础上，再按以下步骤进行绕组换修。

2）拆除旧绕组，记录所需数据

在电动机的绕组拆除中，凡有旧绕组的电动机，可以按照旧绕组的现存数据和接线方法，在拆完旧绕组后，直接嵌入新绕组，这样可省去繁冗的计算，提高修理效率。所以在拆除旧绕组的同时，应按表 8.6 的要求记录有关数据。

表 8.6　单相电动机绕组拆卸记录

<table>
<tr><td rowspan="3">铭牌数据</td><td colspan="8">型号______功率______频率______编号______</td></tr>
<tr><td colspan="8">电压______电流______温升______</td></tr>
<tr><td colspan="8">转速______电容______制造厂______制造日期______</td></tr>
<tr><td rowspan="3">绕组数据</td><td>绕组名称</td><td>线径</td><td>支路数</td><td>节距</td><td>匝数</td><td>下线形式</td><td>端部伸出长度</td><td>接线图</td></tr>
<tr><td>主绕组</td><td></td><td></td><td></td><td></td><td></td><td></td><td></td></tr>
<tr><td>副绕组</td><td></td><td></td><td></td><td></td><td></td><td></td><td></td></tr>
<tr><td rowspan="2">铁芯数据</td><td>外径 D_1</td><td colspan="2">内径 D_2</td><td colspan="2">长度 L</td><td>总槽数 z</td><td>槽深 h</td><td>槽宽 s</td></tr>
<tr><td></td><td colspan="2"></td><td colspan="2"></td><td></td><td></td><td></td></tr>
</table>

电动机绕组的拆卸方法有几种。其中单相电动机容量小，一般都用冷拆法，即先用废钢锯条磨成的刀片把槽楔从中间破开后取出，再将线圈逐次取出。也可用斜口钳将绕组端部剪断，在另一端将导线逐根或逐束拉出。然后将铁芯槽内残存的杂物清理干净，为安放新的槽绝缘做好准备。

3）绕线，嵌线和端部接线

具体操作步骤和工艺要点，如表 8.7 所列。

表 8.7　绕线、嵌线和端部接线

项目	操作步骤	工艺要点	示意图
绕线	①制作绕线模	将旧绕组的一匝作为绕线模模芯圆周长制作模芯，再将模芯固定在两块夹板上（夹板周边比模芯大 8 ~ 10 mm，在正中心钻 $\phi10$ 的孔，供穿绕线机轴。拆下夹板，将模芯从中部横向倾斜锯开，将两段模芯分别钉牢在两块夹板上，最后在夹板四周锯下引线槽和扎线槽）	模芯　夹板　引线槽　夹板　模芯　模芯　扎线槽

续表

项目	操作步骤	工艺要点	示意图
绕线	②绕制线圈	将绕线模固定在绕线机轴上，在扎线槽安放扎线，将漆包线头嵌入引线槽，均匀摇动绕线机，在绕线模上绕制线圈，要求平直、平整、不交叉。按匝线要求绕完后用扎线扎紧线圈，脱出绕线模	扎线 夹板
嵌线	①清理铁芯槽	将铁芯槽中残留的绝缘物、漆瘤、毛刺等用清槽片清除干净	
	②安放槽绝缘	将绝缘纸（E级绝缘多用聚酯薄膜青壳纸）按铁芯长度和槽深裁取绝缘纸尺寸，要求其长度比铁芯长7～10 mm，宽应下入铁芯槽后两边伸出槽口部分不小于引槽纸尺寸	伸出槽外绝缘长度

续表

项目	操作步骤	工艺要点	示意图
嵌线	③嵌线入槽	将线圈放入引槽纸中间，沿铁芯方向来回拉动，使部分导线入槽，未入槽部分用划线板划入槽内，并整理平服。若遇双层绕组，下完第一层线圈后，垫上层间绝缘纸，再嵌入第二层嵌完后剪去引线纸，封闭槽口，打入槽楔	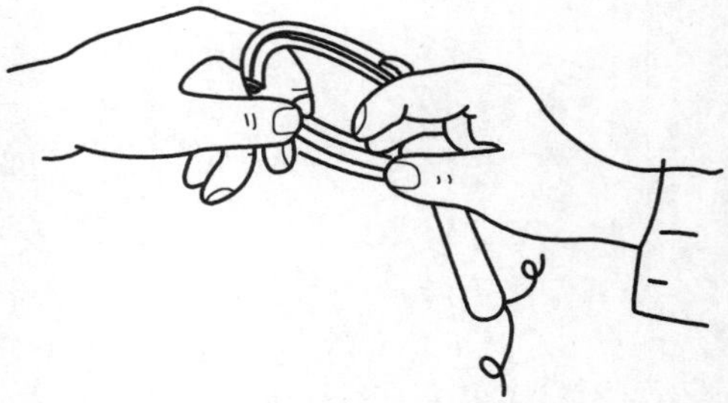 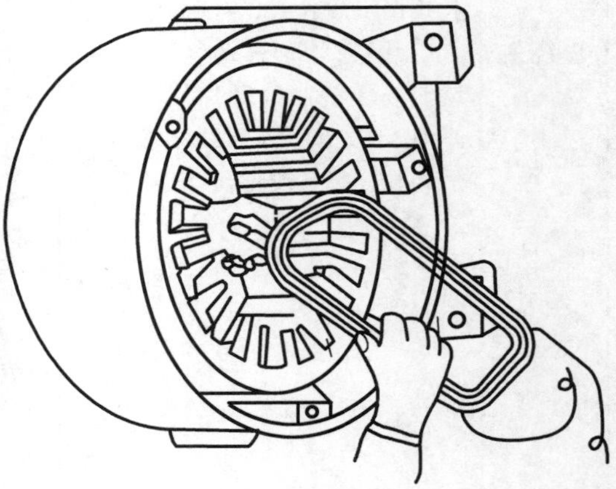
	④下线顺序	①以 16 槽台扇电机为例，极距 $\tau = 16/4 = 4$，节距 1 ~ 4 等于 3。若安放二平面绕组主绕组下线顺序，印度数字为铁芯槽编号：线圈Ⅰ下 2,5 槽，Ⅱ下 6,9 槽，Ⅲ下 10,13 槽，Ⅳ下 14,1 槽。副绕组下线顺序：Ⅰ下 4,7，Ⅱ下 8，11，Ⅲ下 12,15，Ⅳ下 16,3 ②单层链式绕组下线顺序： 主Ⅰ→2，副Ⅰ→4；主Ⅰ→5；主Ⅱ→6，副Ⅰ→7，副Ⅱ→8；主Ⅱ→9，主Ⅲ→10，副Ⅱ→11，副Ⅲ→12；主Ⅲ→13，主Ⅳ→14，副Ⅲ→15，副Ⅳ→16；主Ⅳ→1，副Ⅳ→2	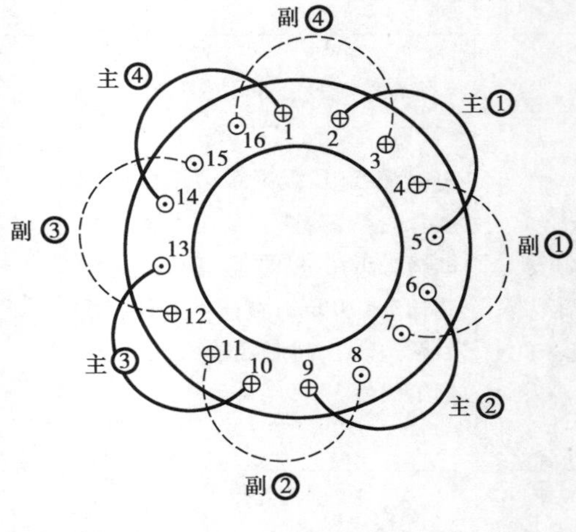

续表

项目	操作步骤	工艺要点	示意图
嵌线	⑤端部接线	主绕组： 首(2～5)(1～14)(10～13)(9～6)尾 副绕组： 首(4～7)(3～16)(12～15)(11～8)尾 按上述规律将线圈首尾端剪下足够长度后，去除绝缘管，焊牢后，包上绝缘层，套上绝缘管，将绝缘管移至焊接部位以保护焊点。 将第6槽主绕组尾与第8槽副绕组尾合并焊在一起，用黑色绝缘导线引出作为公共中线。将第2槽主绕组首用红色绝缘导线引出作主绕组首端，最后将第4槽副绕组首用蓝(或黄)色绝缘线引出作副绕组首端，绑扎后引出机壳	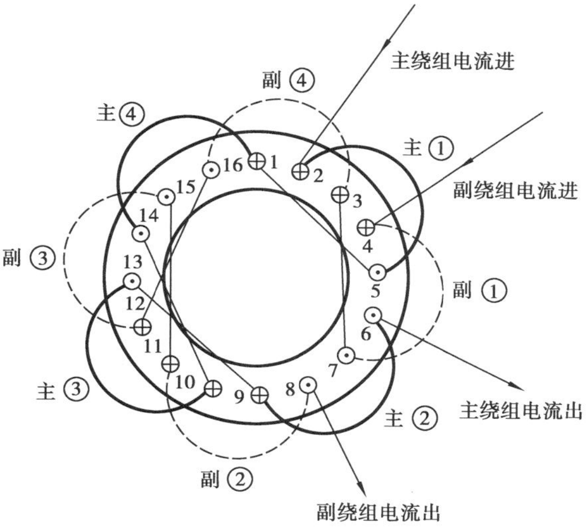 实线:主绕组　虚线:副绕组　主①、副②……：线圈编号
	⑥安放端部绝缘纸和整形	嵌完全部线圈后，在每个线圈端部按端部形状剪裁并安放端部绝缘纸，再整形成喇叭口，用绑扎线绑扎牢靠，以便安放转子	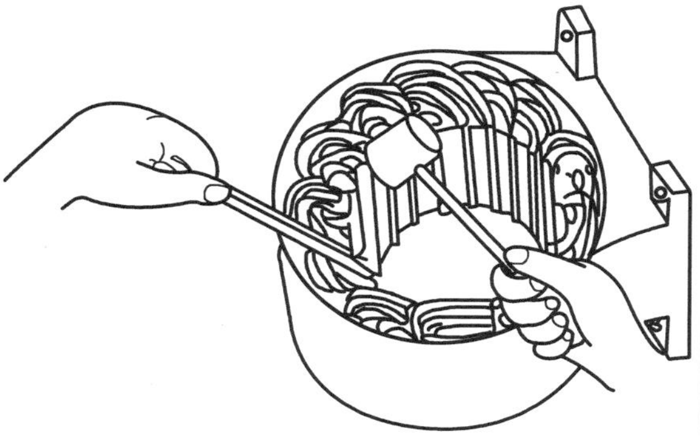
初测	①外观检查	检查外观质量，看外观是否良好，装配是否到位，螺丝是否紧固，转动是否灵活，接线是否正确	

续表

项目	操作步骤	工艺要点	示意图
初测	②冷态直流电阻检测	用万用表R×1 Ω或R×10 Ω挡分别检测主绕组和副绕组的冷态直流电阻，看是否正确	
	③绝缘电阻检测	用兆欧表检测绕组在机壳间的绝缘电阻，冷态时应在30 MΩ以上	
	④空载试验	接通电源，使电动机在空载状态下运转1 h以上，观察： ①空载电流是否正常； ②温升是否正常； ③转动是否灵活（是否有噪声、抖动、转速不均匀等）	
浸漆烘烤	①预烘	将定子置于灯泡和烘箱中，保持125～135 ℃的温度烘烤4 h左右，使对地绝缘电阻在30 MΩ以上	

续表

项目	操作步骤	工艺要点	示意图
浸漆烘烤	②浸漆	将预热合格的定子冷却到 60 ~ 80 ℃,放入漆桶中浸 15 min,也可用刷子浇刷直至浸透绕组为止	 绝缘漆
	③滴漆	将浸满漆的定子悬空放置或挂着滴漆 30 min 以上,将表面多涂的浮漆滴干	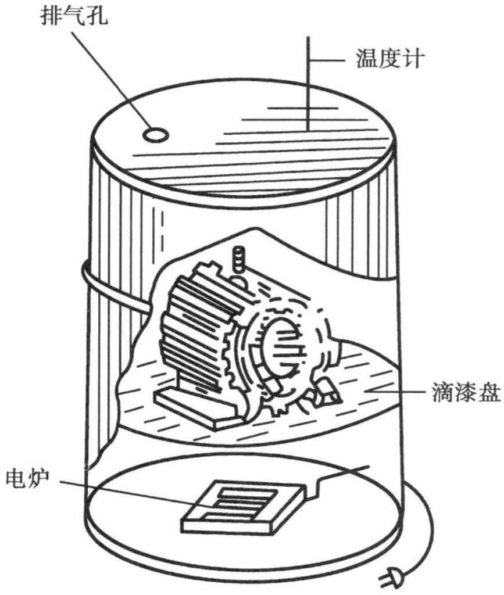 排气孔 温度计 滴漆盘 电炉
	④烘烤	用灯泡或烘箱烘烤,开始温度 60 ~ 70 ℃,半小时后,温度调高到 125 ~ 135 ℃,烘烤 6 ~ 8 h 直至对地绝缘电阻达 2 MΩ 以上为合格	

(2)单相电动机的维修

单相电动机在使用和长期存放过程中,难免出现故障,本节以单相电容式电动机为例,将其常见故障现象、产生原因、检修方法扼要列于表8.8中,供读者在维修时参照。

表8.8　电容式电动机常见故障及排除方法一览表

故障现象	产生原因	检修方法
通电后电动机不能启动	①电源不通; ②主绕组、副绕组开路或烧坏; ③电容器击穿、漏电或失效; ④轴承偏小,咬得太紧; ⑤转轴弯曲使转子单边或咬死; ⑥轴承孔太松旷,使转子单边或扫膛; ⑦端盖装合不到位,使转子与定子圆周不同心	①检查电源、熔丝、插头、导线,开关是否开路并予以修理或换新; ②修理或更换绕组; ③更换同规格电容器; ④用绞刀绞松轴承孔; ⑤校直转轴; ⑥更换轴承; ⑦重装端盖
电动机运行时温升过高	①定子绕组匝间短路; ②绕组接线错误; ③电动机冷却风道有杂物堵塞; ④轴承内润滑油干涸; ⑤轴承与轴配合过紧; ⑥转轴弯曲变形增加负荷	①重换绕组; ②改正接线; ③清除杂物,理通风道; ④清洗轴承,加足润滑油; ⑤用绞刀绞松轴承孔; ⑥校直转轴
通电后启动慢	①定子、转子不同心; ②主绕组或副绕组中有局部短路; ③电容器规格不符或容量变小; ④转子笼条或端环断裂	①调整端盖螺钉,使其同心; ②排除短路故障或拆换绕组; ③调换合格电容器; ④修理或调换转子
电动机转速慢	①电源电压过低; ②绕组有匝间短路; ③绕组接线错误; ④绕组导线过细或匝数过多; ⑤电容器损坏; ⑥电动机负荷过重	①查明电压过低原因并排除故障,有条件时调整电源电压; ②修理或拆除短路绕组; ③纠正接线错误; ④按正确参数重换绕组; ⑤调换同规格电容器; ⑥减轻负荷,使其不超过额定值
电动机运转中响声异常	①定子与转子端面未对齐; ②定子、转子之间有硬杂物碰触; ③轴承内径磨损,引起径向跳动,严重时造成转子扫膛; ④转子轴向移位过大,运转中发生轴向窜动	①对齐定子、转子端面; ②清除杂物; ③更换轴承; ④增加轴上垫圈

续表

故障现象	产生原因	检修方法
电动机机壳带电	①定子绕组绝缘老化,与外壳短路; ②连接线或引出线绝缘破损碰壳; ③泄漏电流大; ④电容器漏电; ⑤定子绕组局部烧坏碰壳	①更换定子绕组,重换新绝缘; ②修理连接线或更换引出线; ③加强绝缘,装好保护接地线; ④更换电容器; ⑤拆除损坏绕组
电动机通电后不转,但可按手拨动方向转动	①电容器失效; ②副绕组与电容器接触不良; ③主绕组或副绕组开路或损坏	①更换同规格电容; ②焊好接头; ③修复或拆除坏绕组
电动机运转失常,有时还会倒转	①电容器失效; ②副绕组损坏; ③电动机绕组接头接错; ④电容器和副绕组连接线断脱	①更换同规格电容; ②修复或更换副绕组; ③纠正接线错误; ④焊好连接线
电动机运行时闪火花或冒烟	①绕组匝间短路; ②绕组受潮,绝缘性能下降; ③导线绝缘损坏或碰线; ④绕组碰壳; ⑤主绕组与副绕组间绝缘损坏	①修理或更换短路绕组; ②烘干后重新浸漆; ③修复碰线处或重换导线; ④加强绝缘或重换绕组; ⑤加强绝缘性能或重换绕组
电动机转速慢并带有嗡嗡声	①电动机装配不良,气隙不均匀; ②电动机绕组局部短路; ③转轴与轴承间空隙较大; ④转轴弯曲	①重新装配,调整气隙; ②修复或更换短路的绕组; ③更换转轴与轴承; ④校正转轴

7. 三相电动机的接线

本节所指三相电动机的接线,是指它的三相绕组与外部电源线的连接,而不是指绕组内部的接线。

新出厂的电动机或旧电动机接线盒,接线端子牌完好,接线螺丝齐备,且三相绕组的首、尾端按出厂时正确联结到接线牌上者,与外部三相电源线的连接按本实训中铭牌解释部分所述相关内容操作(表 8.2)。

对于接线盒、接线端子牌已损坏的电动机,三相绕组首尾端只有六个端头露在机壳外,它们与外部三相电源线的连接,可用下述方法解决。

准备一块万用表和 2 ~4 节干电池,将干电池串联成电池组。先用万用表电阻挡判断出三相绕组的六个端头中,哪两个端头属于一相绕组的两端,并作好记号。完成后,将万用表置于量程尽量小的毫安挡,把三相绕组中任意两相串联后与万用表相连。第三相绕组通过开关接干电池组。在电源接通和分断瞬间,若万用表指针不动,则两相绕组相连接处的两个端头同为首端或同为尾端。假若指定它们同为首端,另外一端为尾端,用同样方法亦可找出第三相绕组的首、尾端。仍令三相绕组首端分别为 U_1，V_1，W_1；尾端为 U_2，V_2，W_2。三相绕组星形联结时，将 U_2，V_2，W_2结为一点，U_1，V_1，W_1分别连接三相电源，如表 8.2 中“联结”栏(a)图所示。若三相绕组须三角形连接，先将 U_1接 W_2，U_2接 V_1，V_2接 W_1，最后将三个结点分别接外电源 L_1，L_2，L_3。如表 8.2 中“联结”栏(b)图所示。

在通电后，若发现电动机反转，将三相电源线中任意两相交换即可。

二、技能实训(一)

1. 实训内容

单相电容式电动机绕组的拆换。

2. 实训目的

学会拆换单相电容式电动机的全部绕组。

3. 实训器材

手电钻、木工锯、斧、刨、万用表、兆欧表、划线板、清槽片、划针、压脚、剪刀、刮线刀、榔头、电烙铁、钢丝钳、电工刀、绕线机、酒精温度计、电磁线、绝缘线、黄蜡管、白纱带等。

4. 训练步骤

①拆除实习用单相电容式电动机的绕组，并将有关数据记入表 8.9 中。

表 8.9 单相电容式电动机旧绕组拆除记录

<table>
<tr><td>拆除所用工具</td><td colspan="8"></td></tr>
<tr><td rowspan="3">拆除方法与工艺要点</td><td colspan="8"></td></tr>
<tr><td colspan="8"></td></tr>
<tr><td colspan="8"></td></tr>
<tr><td>铭牌内容</td><td colspan="8"></td></tr>
<tr><td rowspan="3">绕组数据</td><td>绕组名称</td><td>线径</td><td>支路数</td><td>节距</td><td>匝数</td><td>下线型式</td><td>端部伸出长度</td><td>端部接线草图</td></tr>
<tr><td>主绕组</td><td></td><td></td><td></td><td></td><td></td><td></td><td rowspan="4"></td></tr>
<tr><td>副绕组</td><td></td><td></td><td></td><td></td><td></td><td></td></tr>
<tr><td rowspan="2">铁芯数据</td><td>外径 D_1</td><td colspan="2">内径 D_2</td><td colspan="2">长度 L</td><td>总槽数</td><td>槽深</td></tr>
<tr><td></td><td></td><td></td><td colspan="3"></td><td></td></tr>
</table>

②按工艺要求下好绝缘材料，绕制新线圈，并将线圈嵌入铁芯槽，将其工艺过程及有关数据记入表 8.10 中。

表 8.10　绕线、嵌线训练记录

<table>
<tr><td colspan="6">绝缘材料</td><td colspan="8">绕组参数</td></tr>
<tr><td colspan="2">槽绝缘</td><td colspan="2">引槽纸</td><td colspan="2">端部绝缘</td><td colspan="4">主绕组</td><td colspan="4">副绕组</td></tr>
<tr><td>材料</td><td>尺寸
长×宽
/mm</td><td>材料</td><td>尺寸
长×宽
/mm</td><td>材料</td><td>尺寸
长×宽
/mm</td><td>线径
/mm</td><td>匝数</td><td>线圈个数</td><td>单线圈
电阻
/Ω</td><td>线径
/mm</td><td>匝数</td><td>线圈</td><td>单线圈
电阻
/Ω</td></tr>
<tr><td></td><td></td><td></td><td></td><td></td><td></td><td></td><td></td><td></td><td></td><td></td><td></td><td></td><td></td></tr>
<tr><td rowspan="4">嵌线
情况</td><td rowspan="2">节距</td><td colspan="2">主绕组</td><td colspan="4"></td><td colspan="2" rowspan="2">绕组型式</td><td colspan="2">主绕组</td><td colspan="2"></td></tr>
<tr><td colspan="2">副绕组</td><td colspan="4"></td><td colspan="2">副绕组</td><td colspan="2"></td></tr>
<tr><td rowspan="2">嵌线顺序</td><td colspan="2">主绕组</td><td colspan="10"></td></tr>
<tr><td colspan="2">副绕组</td><td colspan="10"></td></tr>
</table>

③对已经嵌完全部线圈的定子绕组进行端部接线和整形，将所用材料、接线工艺与端部接线图记入表 8.11 中。

④装配合格的电动机在通电前用万用表、兆欧表检测其绕组的直流电阻和绝缘电阻。检测合格后通电检测空载电流、绕组热态对地绝缘电阻和温升。将检测结果一并记入表8.12中。

表 8.11　定子绕组端部接线训练记录

<table>
<tr><td rowspan="2">绝缘套管</td><td>材料</td><td rowspan="6">引
出
线</td><td>型号</td><td colspan="2"></td><td>端部接线图</td></tr>
<tr><td>尺寸</td><td>规格</td><td colspan="2"></td><td rowspan="7"></td></tr>
<tr><td rowspan="2">绝缘纸</td><td>材料</td><td rowspan="4">颜色</td><td>主绕组首端</td><td></td></tr>
<tr><td>尺寸</td><td>副绕组首端</td><td></td></tr>
<tr><td rowspan="2">引线接头</td><td>锡焊</td><td>公共零线</td><td></td></tr>
<tr><td>绞接</td><td>主、副绕组
绝缘电阻</td><td></td></tr>
<tr><td rowspan="2">接线顺序</td><td>主绕组</td><td colspan="4"></td></tr>
<tr><td>副绕组</td><td colspan="4"></td></tr>
</table>

表 8.12　电动机绕组拆换后的初测记录

<table>
<tr><td>项　目</td><td colspan="2">冷态直流
电阻/Ω</td><td colspan="2">热态直流
电阻/Ω</td><td colspan="2">对地绝缘
电阻/MΩ</td><td colspan="3">空载电流/mA</td><td colspan="2">空载温升/℃</td></tr>
<tr><td>检测部位
及状态</td><td>主绕组</td><td>副绕组</td><td>主绕组</td><td>副绕组</td><td>冷态</td><td>热态</td><td>空载时间</td><td>冷态</td><td>热态</td><td>环境
温度</td><td>实测
温度</td></tr>
<tr><td>检测结果</td><td></td><td></td><td></td><td></td><td></td><td></td><td></td><td></td><td></td><td></td><td></td></tr>
</table>

5. 成绩评定

成绩评定表

学生姓名__________

评定类别	评定内容	得　分
旧绕组的拆除(10分)	规范操作、正确记录2分,工具使用正确2分,操作工艺正确4分,文明、卫生、守纪2分	
绕线(10分)	工具使用正确3分,动作规范3分,绕制的线圈平整美观4分	
嵌线(30分)	工具使用正确5分,绝缘材料安放正确7分,嵌线动作规范8分,线圈嵌放正确、美观10分	
绕线的接线(40分)	动作规范正确10分,接线无误25分,端部绝缘安放正确,绑扎、整形美观5分	
文明操作(10分)	服从指挥2分,工具使用、摆放规范2分,爱护工具、器材无丢失和损毁4分,场地整洁2分	
总　分		

三、技能实训(二)

1. 实训内容

三相笼型异步电动机的接线。

2. 实训目的

学会对无接线端子牌的,只剩六个绕组端头的旧电动机绕组的连接。

3. 实训器材

三相笼型异步电动机一台;万用表一块;一号电池四节(带电池盒);绝缘胶带适量;三相电源及与电动机的连接线;三相电源开关;白胶布适量。

4. 实训步骤

①开启电动机接线盒盖,拆除接线端子牌,使电动机三相绕组露在机壳外。

②用万用表电阻挡将六个绕组端头分别判断出每相绕组的两端,并用白胶布将两端包在一起,分别定为“U”相、“V”相、“W”相。

③将“U”相任一端与“V”相任一端连接,其余两端接万用表表笔,万用表拶于最小毫安挡。

④将“W”相串入开关接上干电池组。当开关闭合或分断瞬间，若万用表指针不动，则“U”“V”连接点的两个端头同为首端（或尾端）。

⑤若开关闭合或分断瞬间万用表指针偏转，则将任一相两端对调，直至开关闭合或分断时万用表指针不动为止，从而找出“U”“V”首端。

⑥将“U”相的首端与“W”相任一端连接，用同样方法找出“W”相首、尾端。

⑦将“U”“V”“W”三相绕组尾端结为一点。三相首端分别按三相电源通电试车，电动机应正常启动运转，停车。

⑧将三相电源线中的任意两相对调后接至三相绕组首端，通电后，电动机转向应相反。

5. 成绩评定

成绩评定表

学生姓名__________

评定类别	评定内容	得　分
实训态度文明（10 分）	好、认真 10 分，较好 7 分，差 0 分	
仪表、工具使用正确（10 分）	规范、正确 10 分，不当时酌情扣分	
在 6 个绕组端头中分出每相的两个端头（15 分）	判断正确 15 分，每错一个扣 5 分	
正确判断“U”“V”“W”三相绕组首尾端（45 分）	正确 45 分，错一相扣 15 分	
能正确将三相绕组接成星形并通电正转和反转（20 分）	正确 20 分，不正确酌情扣分	
总　分		

思考与习题八

1. 解释绕组专用术语：极距、节距、每极每相槽数和电角度。
2. 单相电动机由哪些主要零部件构成？它们各自的作用是什么？
3. 拆除旧绕组时应注意哪些问题？
4. 绕线和嵌线各应注意哪些问题？
5. 试画出单相四极十六槽电动机端部接线图。
6. 电动机绕组在浸漆前应检查哪些项目？怎样检查？
7. 发现电容式电动机反转，应当怎么办？
8. 单相电容式电动机通电后无任何反应，可能由哪些原因造成？怎样排除故障？
9. 单相电容式电动机通电后不转，只有嗡嗡声，但用手一捻，就按手捻方向转动。这是为什么？
10. 电动机机壳带电，你打算怎样检修？
11. 电动机转速很慢，且有“嗡”声，应当怎样检修？
12. 三相笼型异步电动机接线盒内端子牌接线正确，你打算怎样连接外电源？
13. 一台三相笼型电动机接线盒与端子牌均损坏，只有六个绕组端头露在机壳外面，你怎样正确连接并保证通电后正常运转？

实训九　常用低压电器

一、知识准备

低压电器通常是指工作在交流电压小于1 200 V,直流电压小于1 500 V的电路中起通断、保护、控制或调节作用的电器设备。

低压电器的种类繁多,就其用途或所控制的对象可概括为两大类,见表9.1。

表9.1　低压电器分类

低压电器	低压配电电器		低压控制电器					
	熔断器	断路器	接触器	控制继电器	启动器	控制器	主令电器	电磁铁

低压配电电器主要用于低压配电系统中,要求在系统发生故障的情况下动作准确、工作可靠;而低压控制电器主要用于电气传动系统中,要求寿命长、体积小、质量轻、工作可靠。

1.自动空气开关

自动空气开关又叫自动空气断路器,简称空开。它是具有一种或多种保护功能的保护电器,同时具有开关的功能。常见的自动空气开关如图9.1所示。

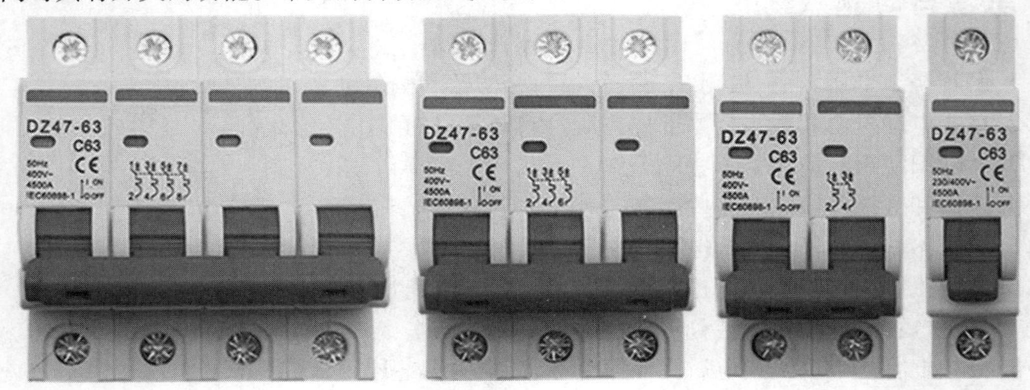

图9.1　常见自动空气开关实物图

在低压电路中,适用于交流50 Hz或60 Hz、电压至500 V,直流电压至220 V的电路中,当电路中发生超过允许极限的过载、短路及失压时自动分断电路,以及在正常条件下作为电路的不频繁转换(接通和分断)。

自动开关有DZ5系列和DZ10系列。DZ5系列为小电流系列,其额定电流为10 ~ 50 A,DZ10系列为大电流系列,其额定电流等级有100 A、250 A和600 A三种。

(1)自动空气开关的结构及工作原理

常见的自动空气开关有装置式和万能式。自动空气开关内部结构及动作原理如图9.2所示。

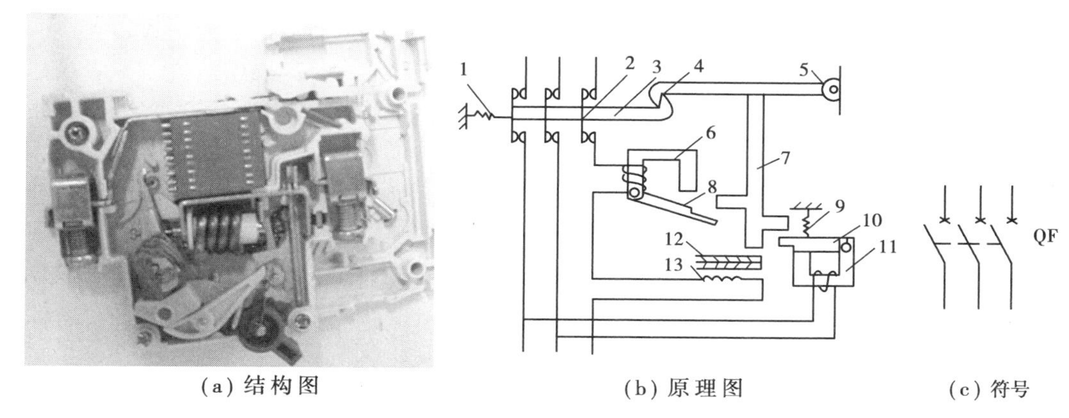

(a) 结构图　　(b) 原理图　　(c) 符号

图9.2　自动空气开关内部结构、动作原理图及符号

1—主弹簧;2—主触头三副;3—联锁;4—搭钩;5—轴;6—电磁脱扣器;
7—杠杆;8—电磁脱扣器衔铁;9—弹簧;10—欠压脱扣器衔铁;
11—欠压脱扣器;12—双金属片;13—热元件

自动空气开关动作原理:

在正常工作时,电磁脱扣器的衔铁不吸合,当电路发生短路时,线圈通过非常大的电流,于是衔铁吸合,顶开搭钩,在弹簧的作用下触头分断,切断电源。

当电动机发生过载时,双金属片受热弯曲,同样可顶开搭钩,切断电源。

当电路电压消失或电压下降到某一数值时,欠压脱扣器的吸力消失或减小,在弹簧作用下,顶开搭钩,切断电源。

(2)自动空气开关的电路符号及文字符号与命名方法

自动开关的文字符号为QF,自动开关的电路符号见图9.2(b)和(c)。

自动开关型号的含义如下:

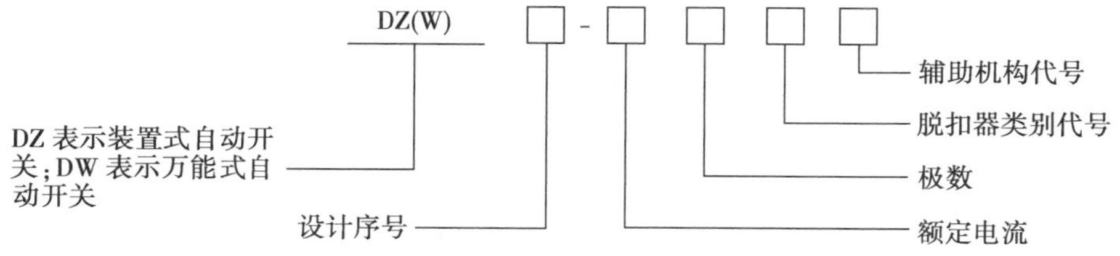

(3)自动空气开关的规格参数

自动开关的主要规格参数见表9.2。

表9.2　自动空气开关的主要规格参数

自动开关的主要规格参数					
额定电压	额定电流	极数	脱扣器类型及额定电流	脱扣器整定电流	主触点与辅助触点的分断能力和动作时间

(4) 自动空气开关的选用

自动空气开关可按以下条件选用:

①自动空气开关的额定电压和额定电流应小于电路正常工作的电压和电流。

②热脱扣器的整定电流应与所控制电动机的额定电流或负载的额定电流一致。

③电磁脱扣器的瞬时脱扣整定电流应大于负载电路正常工作时的峰值电流。

2. 低压熔断器

熔断器是一种最简单有效的保护电器。熔断器在低压配电线路和电动机控制电路中起短路保护作用。

熔断器主要由熔体(俗称保险丝)和放置熔体的绝缘管(熔管)或绝缘底座(熔座)组成。在使用时,熔断器串接在被保护的电路中,当通过熔体的电流达到或超过某一额定值,熔体自行熔断,达到保护目的。

熔断器主要包括螺旋式熔断器、无填料管式熔断器、快速熔断器等,使用时应根据线路要求、使用场合和安装条件选择。

常用低压熔断器的种类及外形见表9.3。

表9.3 常用低压熔断器的种类及外形

	种类及外形		
	螺旋式熔断器	无填料管式熔断器	快速熔断器
低压熔断器			

熔断器在电路中的文字符号用FU表示,其型号含义及电路符号如图9.3所示。

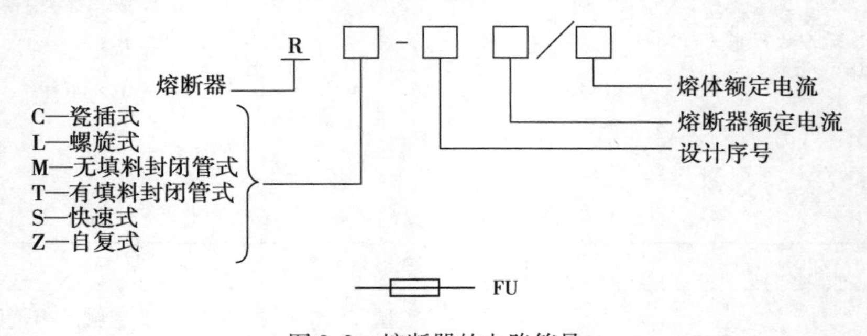

图9.3 熔断器的电路符号

（1）螺旋式熔断器

螺旋式熔断器结构如图 9.4 所示，由熔断管及支持件（瓷制底座、带螺纹的瓷帽、瓷套）所组成。熔断管内装有熔丝并装满石英砂，同时还有熔体熔断的指示信号装置，熔体熔断后，带色标的指示头弹出，便于发现更换。

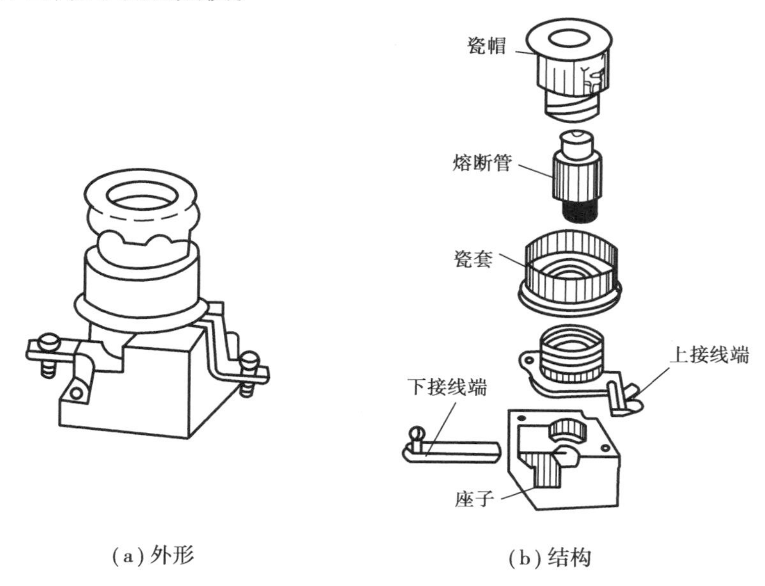

（a）外形　　（b）结构

图 9.4　RL1 系列螺旋式熔断器

目前全国统一设计的螺旋式熔断器有 RL6，RL7，RLS2 等系列。

（2）无填料管式熔断器

无填料封闭管式熔断器的外形与结构如图 9.5 所示。主要由熔断管、熔体、夹头及夹座等部分组成。无填料管式熔断器有 RM10 系列。

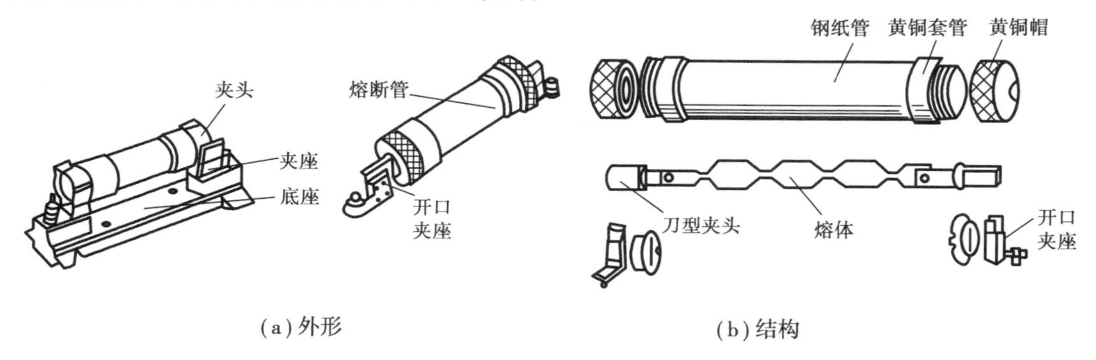

（a）外形　　（b）结构

图 9.5　RM10 系列无填料管式熔断器

（3）快速熔断器

快速熔断器是有填料封闭式熔断器，它具有发热时间常数小，熔断时间短，动作迅速等特点。

常用的有 RLS，RS0，RS3 等系列。RLS 系列主要用于小容量硅元件及其成套装置的短路保护。RS0 系列主要用于大容量晶闸管元件的短路和某些不允许过电流电路的保护。

(4)熔断器主要技术参数

熔断器主要技术参数有额定电压、额定电流、熔体额定电流、额定分断能力等。

(5)熔断器、熔体的选用

熔断器、熔体的选用见表9.4。

表9.4 熔断器、熔体的选用

熔断器、熔体的选用	
熔断器的选用	熔断器的额定电流应等于或大于熔体的额定电流，其额定电压应等于或大于线路额定电压
熔体额定电流的确定	对单台电动机，其熔体的额定电流应等于电动机额定电流的2.5倍左右。对多台电动机，线路上的总熔体额定电流应等于该线路上功率最大的一台电动机额定电流的1.5~2.5倍与其余电动机额定电流之和
熔断器类型的选用	对于容量较小的电动机和照明线路的简易保护，可选用RC1A系列熔断器。机床控制线路中及有振动的场所，常采用RL1系列螺旋式熔断器。还可根据使用环境和负载性质的不同，选择适当类型的熔断器

3. 交流接触器(KM)

交流接触器用于频繁地接通和分断电动机工作电流。其优点是动作迅速、操作方便和便于远距离控制，所以广泛地应用于电动机、电热设备、小型发电机、电焊机和机床电路上。其缺点是噪声大、寿命短。由于它只能接通和分断负荷电流，不具备短路保护作用，故必须与熔断器、热继电器等保护电器配合使用。

交流接触器型号的含义如下：

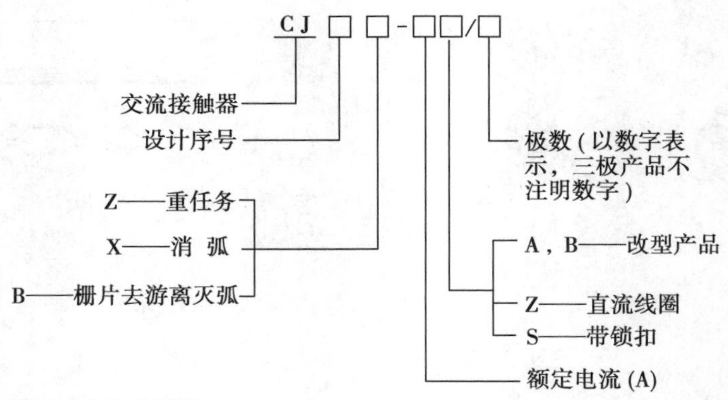

(1)交流接触器的外形及结构

交流接触器的主要部分是电磁系统、触点系统和灭弧装置，其外形结构及组成部分见表9.5和表9.6。常用的交流接触器有CJ10，CJ12系列。

表 9.5 交流接触器的外形结构

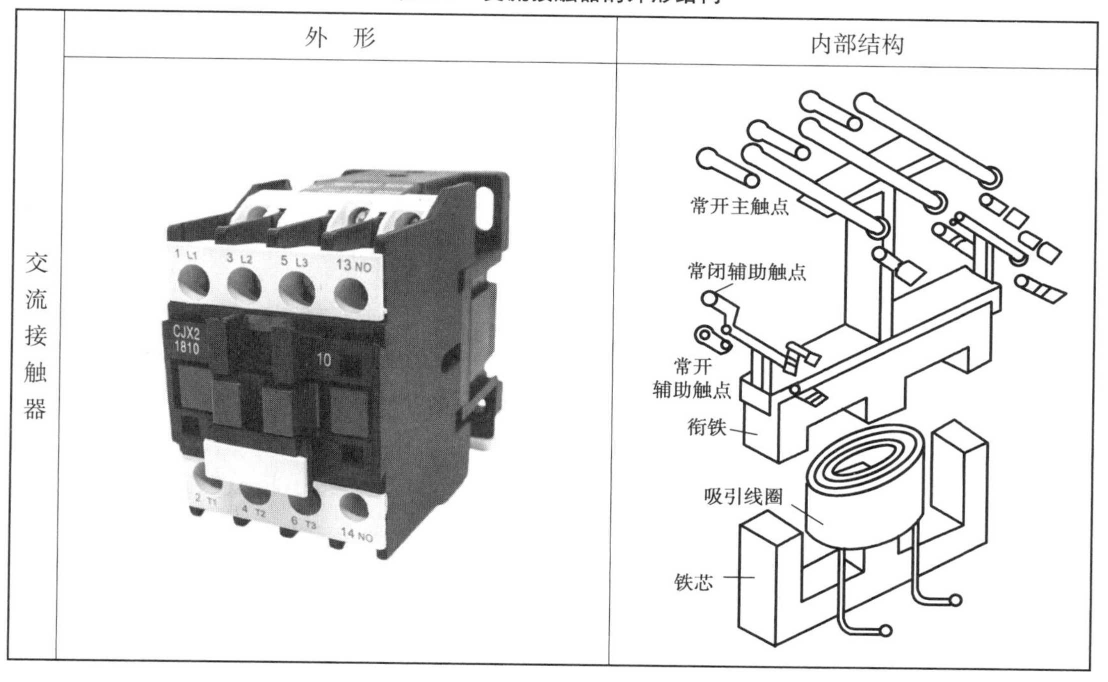

表 9.6 交流接触器的组成

	电磁系统		触点系统		灭弧装置
	作 用	结 构	作 用	结 构	作 用
交流接触器	将电磁能转换成机械能并带动触头闭合或断开。通常采用电磁铁的形式	它由电磁线圈、衔铁及铁芯组成，见表 9.5	用来接通和断开主电路，按功能不同分为主触点及控制触点（辅助触点）两大类	(a)点接触 (b)线接触 (c)面接触 (d)桥式 (e)指形	交流接触器的主触点在分断大电流时会在动、静触点之间产生很强的电弧。它会烧伤触点，还会使电路的切断时间延长，所以必须进行灭弧

(2)交流接触器的电路符号

电路符号见图 9.6，文字符号为 KM。

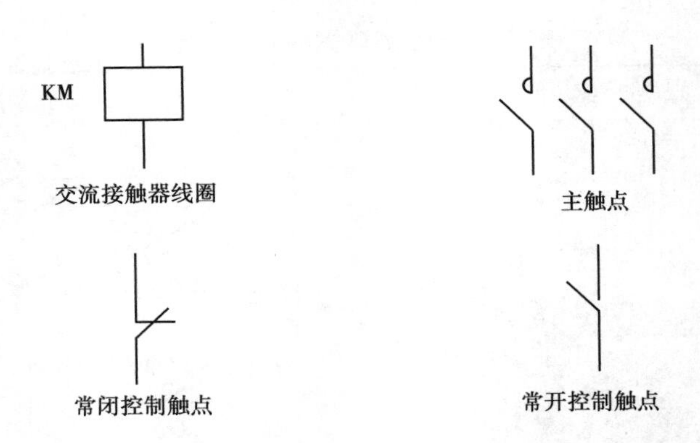

图9.6 交流接触器的电路符号

(3)交流接触器的工作原理

当线圈通电后,线圈产生磁场,使静铁芯产生电磁吸力,将衔铁吸合。衔铁带动动触头动作,使主触点闭合,同时使常闭触头断开,常开触头闭合,分断或接通相关电路。当线圈断电时,电磁吸力消失,衔铁在反作用弹簧的作用下释放,各触头随之复位。

(4)交流接触器的主要技术参数

交流接触器的主要技术参数见表9.7。

表9.7 交流接触器的主要技术参数

交流接触器的主要技术参数	
额定电压	接触器铭牌上的额定电压是指主触头的额定电压,交流有127 V,220 V,380 V,500 V等
额定电流	接触器铭牌上的额定电流是指主触头的额定电流,有5 A,10 A,20 A,40 A,60 A,100 A,150 A,250 A,400 A,600 A
吸引线圈的额定电压	交流有36 V,110 V,127 V,220 V,380 V
电气寿命和机械寿命	以万次表示
额定操作频率	以次/h表示
主触点和辅助触点数目	

(5)交流接触器的选用

交流接触器的选用见表9.8。

表9.8 交流接触器的选用

交流接触器的选用	
触头额定电压的选择	接触器触头额定电压应等于或大于负载回路的额定电压

续表

交流接触器的选用	
触头额定电流的选择	接触器控制电动机时，主触头的额定电流应大于或稍大于电动机的额定电流。CJ0 和 CJ10 系列可根据经验公式计算选用： $I_C = P_N \times 10^3 / KU_N$(A) 式中：$K$——为经验公式系数，取 1 ~ 1.4； P_N——被控电动机额定功率，kW； U_N——电动机额定电压，V； I_C——接触器主触头电流，A。 也可根据被控电动机的最大功率查表选择
接触器吸引线圈电压的选择	在选择时，一般是按交流负载选用交流吸引线圈，若从人身和设备安全角度考虑，接触器吸引线圈电压选择低一些为好，为简化设备一般常选用 220 V 和 380 V
接触器触头极数的选择	在选择时，只要触头极数能满足控制线路功能要求即可

4. 常用继电器

继电器是一种小信号控制电器，它是根据某种输入物理量的变化（如：电流、电压、时间、温度等），来接通和分断控制电路的电器，广泛应用于电动机和线路的保护及各种生产机械的自动控制。

常见的继电器见表 9.9。

表 9.9 常见的继电器

继电器	种类及外形					
	电压继电器	电流继电器	中间继电器	热继电器	时间继电器	速度继电器
						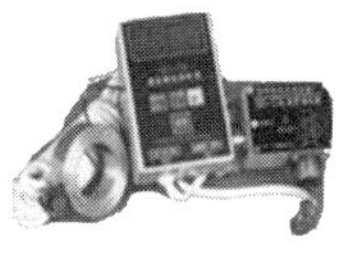

在此，主要介绍热继电器和时间继电器。

(1) 热继电器

热继电器是利用电流的热效应原理工作的保护电器，在电路中用作电动机的过载保护。电动机在实际运行中，常常会遇到过载情况，若过载不大，时间较短，绕组温升不超过允许范围，是可以的。但过载时间较长，绕组温升超过了允许值，将会加剧绕组老化，缩短电动机的使用年限，严重时会烧毁电动机的绕组。因此，凡是长期运行的电动机必须设置过载保护。

1）热继电器的结构及原理

热继电器的种类很多，应用最广泛的是基于双金属片的热继电器，其结构如图9.7所示，主要由热元件、双金属片和触头三部分组成。

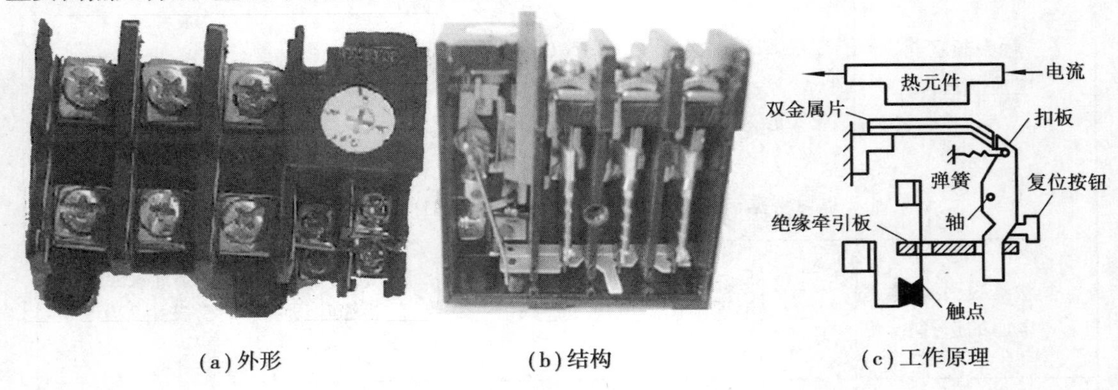

（a）外形　（b）结构　（c）工作原理

图9.7　热继电器的外形及结构

2）热继电器工作原理

当电动机正常运行时，热元件产生的热量虽能使双金属片弯曲，但还不足以使继电器动作。当电动机过载时，流过热元件的电流增大，热元件产生的热量增加，使双金属片产生的弯曲位移增大，经过一定时间后，双金属片推动导板使继电器触头动作，切断电动机控制电路。

热继电器动作后，一般不能立即自动复位，待电流恢复正常、双金属片复原后，再按复位按钮，才能使常闭触点回到闭合状态。

3）热继电器保护种类

热继电器在保护形式上分为二相和三相保护两类，见表9.10。

表9.10　热继电器分类

	种类及外形	
	二相保护	三相保护
热继电器	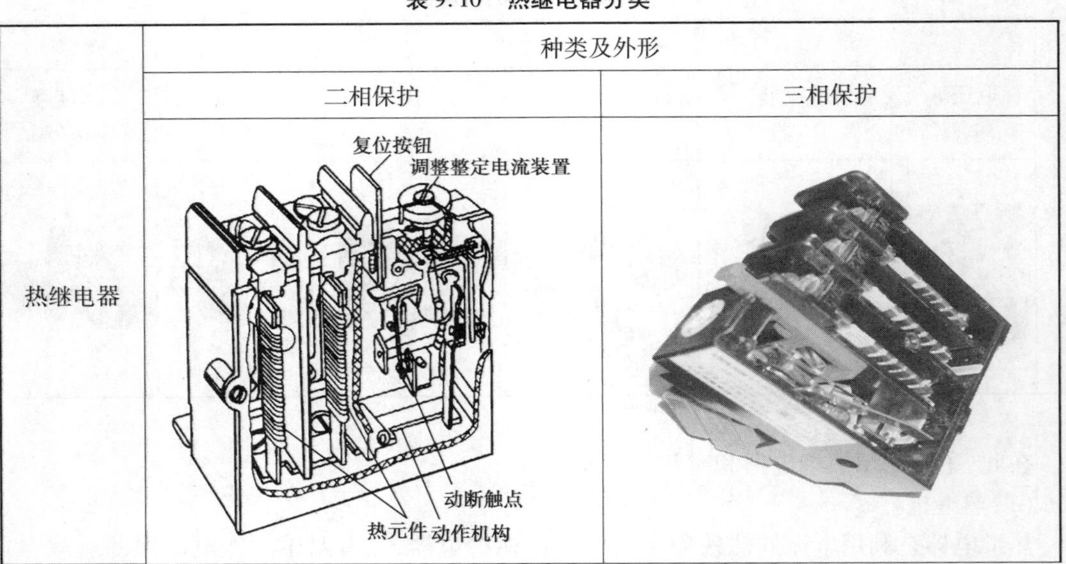	

续表

备　注	①二相保护式的热继电器内装有两个发热元件,分别串入三相电路中的两相,常用于三相电压负载平衡的电路; ②对于三相电源严重不平衡的场合只能用三相保护式。因三相保护式热继电器内装有三个发热元件,分别串入三相电路中的每一相,其中任意一相过载,都将导致热继电器动作

4)热继电器的技术参数及常用型号

热继电器的主要技术参数有:额定电压、额定电流、极数、热元件编号、整定电流及整定电流调节范围等。整定电流是指热元件能够长期通过而不至于引起热继电器动作的电流值。

常用的热继电器有 JR20,JRS1,JR15,JR16 等系列,其型号含义如下:

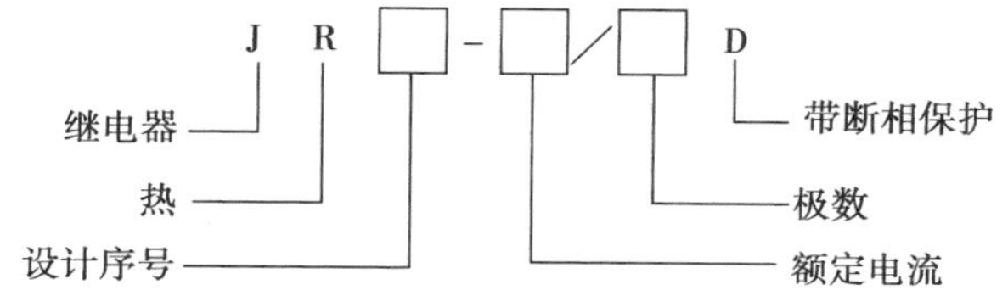

5)热继电器的符号

热继电器的图形符号及文字符号如图 9.8 所示。

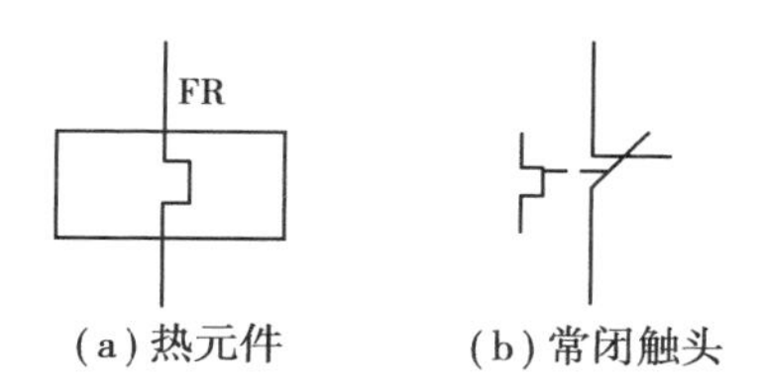

图 9.8　热继电器的图形符号

6)热继电器的选用

热继电器的选用见表 9.11。

表 9.11　热继电器的选用

热继电器的选用	
整定电流的确定	一般按电动机额定电流选择热继电器热元件型号规格,热元件的额定电流常取电动机额定电流的 1.05 倍。当电动机长期过载 20% 时继电器应有可靠动作,且继电器的动作时间必须大于电动机长期允许过载及启动的时间。整定电流一般取额定电流的 1.2 倍
返回时间的确定	根据电动机的启动时间,按 3 s、5 s 及 8 s 返回时间,选取 6 倍额定电流下具有相应可返回时间的热继电器
极数的确定	一般情况下可选择两极结构的热继电器,如电网电压均衡性差;工作环境恶劣;很少有人看管的电动机。与大容量电动机并联运行的小容量电动机可选用三极结构的热继电器
备　注	下列情况可不使用热继电器:操作次数过多、过频繁;工作时间短、间歇时间长;启动时间过长、过载可能性小,如排风扇等

(2)时间继电器

时间继电器是利用电磁原理或机械原理实现触点延时闭合或延时断开的自动控制电器。它的种类很多,有电磁式、电动式、空气阻尼式和晶体管式。这里以应用广泛、结构简单、价格低廉及延时范围大的空气阻尼式时间继电器为主作介绍。

1)时间继电器的结构和原理

空气阻尼式时间继电器又叫气囊式时间继电器,是利用空气阻尼的原理获得延时的。它由电磁系统、延时机构和触头三部分组成,其结构如图9.9所示。

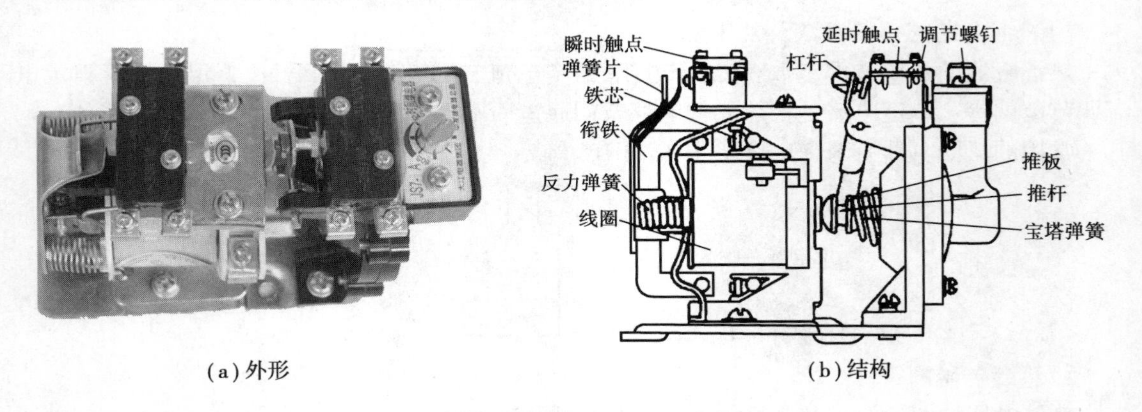

(a)外形　　(b)结构

图9.9　JST系列时间继电器外形及结构图

2)时间继电器的型号与技术参数

常用的时间继电器有JS7,JS23系列。主要技术参数有瞬时触点数量、延时触点数量、触点额定电压、触点额定电流、线圈电压及延时范围等。

时间继电器型号含义如下:

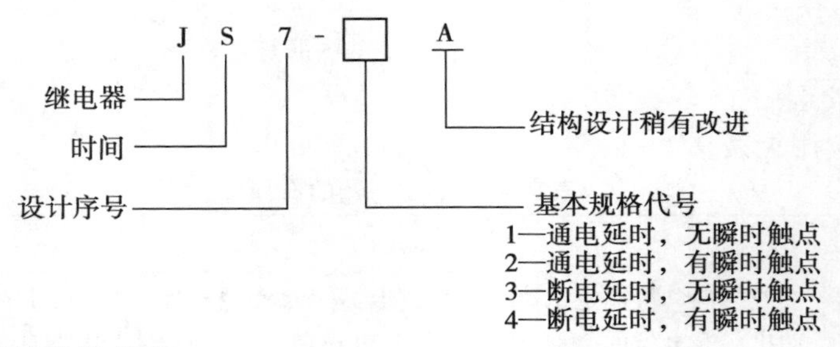

3)时间继电器的电路符号

时间继电器的文字符号为KT,图形符号如图9.10所示。

4)时间继电器的选用

根据被控制电路的实际要求选择不同延时方式的继电器(即通电延时、断电延时)。根据被控制电路的电压等级选择电磁线圈电压,使两者相符。

5. 主令电器

主令电器是指在电气自动控制系统中用来发出指令或信号的操纵电器。它的信号指令将通过继电器、接触器和其他电器的动作,接通或分断被控制电路,以实现电动机和其他生产机械的远距离控制。

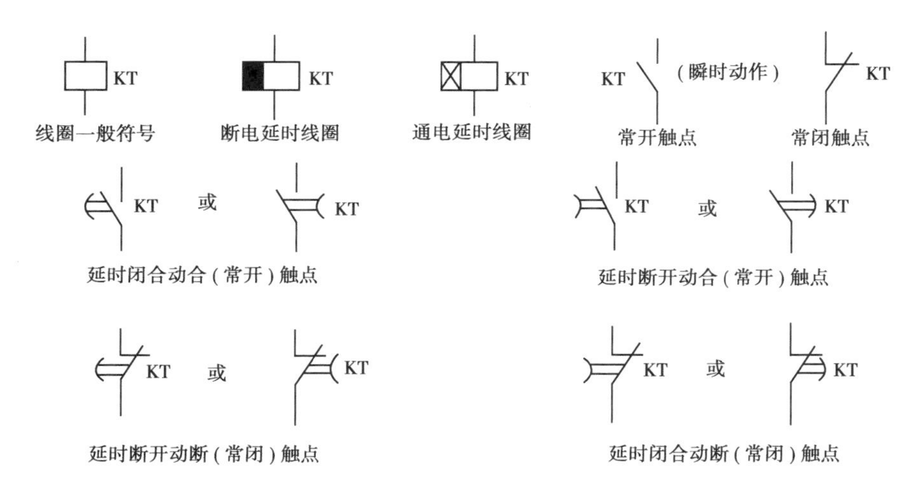

图 9.10 时间继电器的电路符号

常用的主令电器有:按钮、行程开关、接近开关、万能转换开关、主令控制器。

(1)按钮

按钮又称控制按钮或按钮开关,是一种手动控制电器。它只能短时接通或分断 5 A 以下的小电流电路,向其他电器发出指令性的电信号,控制其他电器动作。由于按钮载流量小,不能直接控制主电路的通断。

1)按钮外形及结构

按钮的结构及外形如图 9.11 所示,主要由按钮帽、复位弹簧、动断触点(常闭触点)、动合触点(常开触点)、接线桩及外壳等组成。

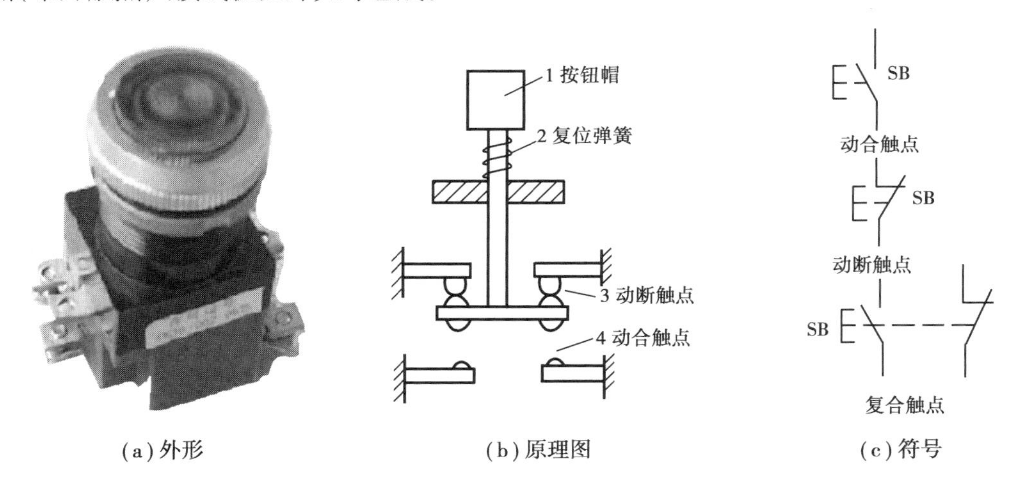

图 9.11 按钮的结构及电路符号

根据按钮的触点结构、数量和用途的不同,它又分为停止按钮(动断按钮)、启动按钮(动合按钮)和复合按钮(既有动断触点,又有动合触点)。图 9.11 为复合按钮,在按下按钮帽令其动作时,首先断开动断触点,再通过一定行程后才接通动合触点;松开按钮帽时,复位弹簧先将动合触点分断,通过一定行程后动断触点才闭合。

2)按钮的种类及型号

常用的按钮种类有 LA2,LA18,LA19 和 LA20 等系列。其型号含义如下：

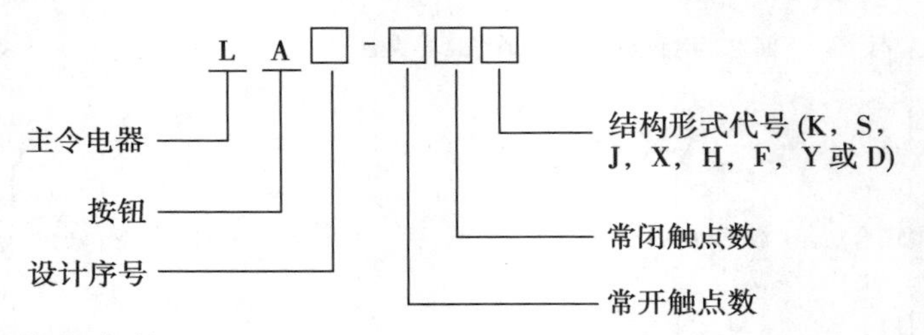

3)按钮的主要技术参数

按钮的主要技术参数有规格、结构形式、触点对数、按钮颜色。

4)按钮开关的选择

按钮开关选择时应从使用场合、所需触点数及按钮帽的颜色、安装形式和操作方式来进行选择。在选择时,应注意不同颜色是用来区分功能及作用的,便于操作人员识别,避免误操作。如红色一般表示停车或紧急停车;绿色和黑色表示启动、点动或工作等;黄色则表示返回的启动、移动出界、正常。

(2)位置开关

位置开关又称行程开关或限位开关。它的作用与按钮相同,属于主令电器类。它利用生产机械运动部件的碰撞,使其内部触点动作,分断或切换电路,从而控制生产机械行程、位置或改变其运动状态。

1)行程开关的种类

行程开关主要由机械传动机构和控制触点(常开和常闭)组成。为了适应生产机械对行程开关的碰撞,行程开关与生产机械的碰撞部分有不同的结构形式,常见的见表 9.12。

表 9.12　行程开关的结构形式

行程开关种类	直动式(按钮式)	滚轮式(旋转式)	
		单滚轮式	双滚轮式
外形	(a)JLXK1-311 直动式	(b)JLXK1-111 单轮旋转式	(c)JLXK1-211 双轮旋转式

2)行程开关的结构和动作原理

行程开关的结构和动作原理如图 9.12 所示。

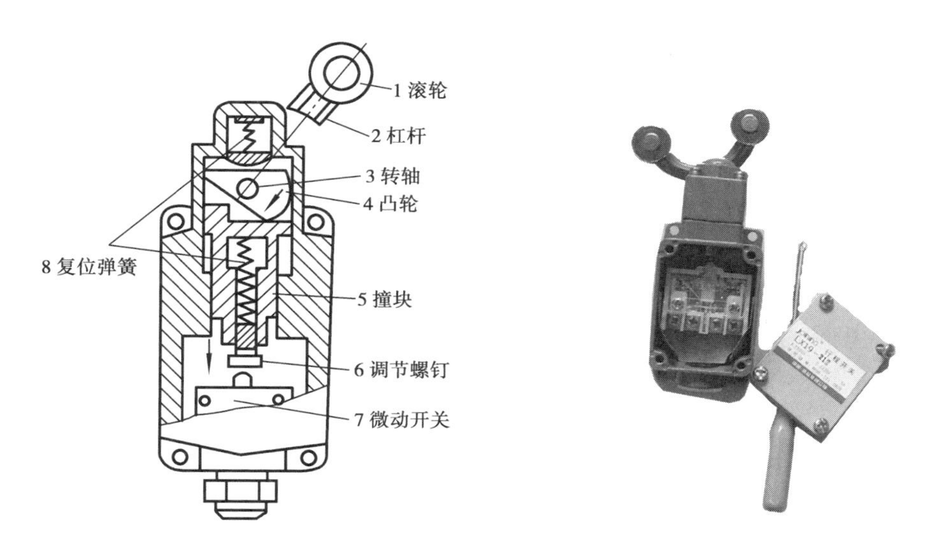

图 9.12　行程开关结构和动作原理图

行程开关动作原理为：当生产机械撞块碰触行程开关滚轮时，使传动杠杆和转轴一起转动，转轴上的凸轮推动推杆使微动开关动作，接通动合触点，分断动断触点，指令生产机械停车、反转或变速。

3）行程开关的图形符号及文字符号

行程开关的图形符号及文字符号如图 9.13 所示，文字符号为 SQ。

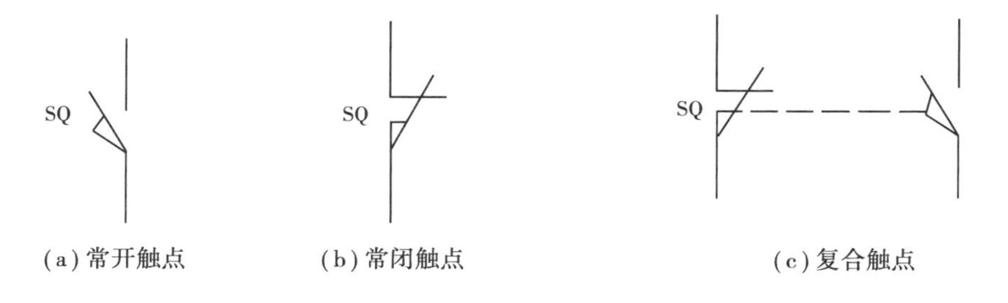

(a) 常开触点　　(b) 常闭触点　　(c) 复合触点

图 9.13　行程开关的电路符号

4）行程开关的型号及命名方法

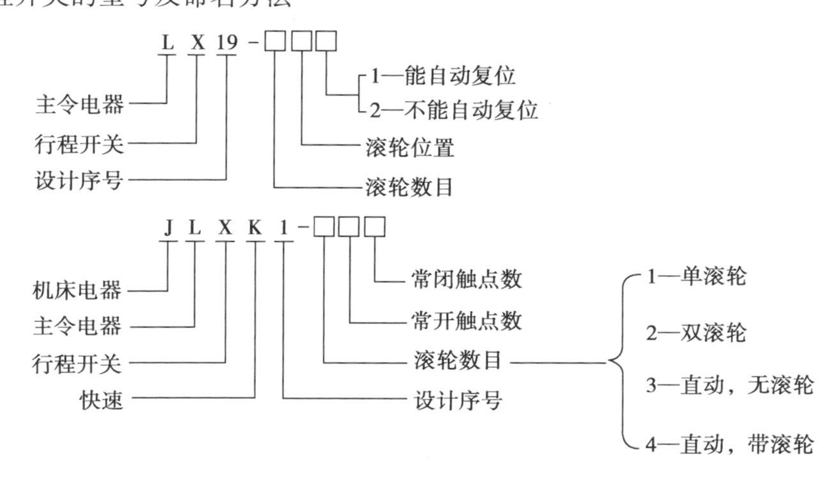

5)行程开关的主要技术参数

行程开关的主要技术参数有:额定电压、额定电流、触点换接时间、动作角度或工作行程、触点数量、结构形式、操作频率。

6)行程开关的选择

行程开关的选用,应根据被控制电路的特点、要求及生产现场条件和触点数量等因素考虑。

7)行程开关的安装

行程开关安装时,应注意滚轮方向不能装反,与生产机械撞块碰撞位置应符合线路要求,滚轮固定应恰当,有利于生产机械经过预定位置或行程时能较准确地实现行程控制。

6. 常用低压电器的检修

各种低压电器元件在正常状态下使用或运行,都存在自然磨损现象,有一定的机械寿命和电气寿命。若操作不当、过载运行、日常失修,长期使用或存放,低压电器不可避免地会出现故障。而低压电器常见的故障是触头系统故障和电磁系统故障。

(1)触头系统的故障及维修

触头系统常见的故障有:触头过热、触头灼伤和熔焊、触头磨损等,见表9.13。

表9.13　触头系统常见的故障

种　类	触头过热	触头灼伤和熔焊	触头磨损
原　因	触头因长期使用,会使触头弹簧变形、氧化和张力减退,造成触头压力不足,使得接触电阻增大,在通过额定电流时,温升将超过允许值,造成触头过热	①灼伤:电弧的作用造成触头表面灼伤; ②熔焊:严重的电弧产生的高温,使动、静触头接触面熔化后,焊在一起不能断开	由于电弧高温使触头金属氧化蒸发,加上机械磨损,触头的厚度越来越薄
处理方法	对于由弹簧失去弹力而引起的触头压力不足,可通过重新调整弹簧或更换损坏的弹簧解决。触头表面的油污、积垢或烧毛可用小刀刮去或用锉锉去	①触头灼伤的处理:可用细锉轻轻锉平灼伤面,即可使用。不能修复的则应更换; ②熔焊的处理:损坏严重的应及时更换	更换触头

(2)电磁系统的故障及维修

电磁系统常见的故障有:衔铁振动和噪声、线圈过热或烧毁、衔铁不释放、衔铁不能吸合等,见表9.14。

表 9.14 电磁系统常见的故障

种类	衔铁振动和噪声	线圈过热或烧毁	衔铁不释放	衔铁不能吸合
原因	①短路环损坏或脱落； ②衔铁歪斜或铁芯端面有锈蚀、尘垢，使动、静铁芯接触不良； ③反作用弹簧压力太大； ④活动部分机械卡阻而使衔铁不能完全吸合等	①线圈匝间短路； ②衔铁与铁芯闭合前后有间隙； ③操作频繁，超过了允许操作频率； ④外加电压高于线圈额定电压	①触头熔焊在一起； ②铁芯剩磁太大； ③反作用弹簧弹力不足； ④活动部分机械上被卡住； ⑤铁芯端面有油污等	①线圈引出线脱落、断开或烧毁； ②电源电压过低； ③活动部分卡阻
处理方法	清除、校正或更换	根据具体情况进行处理或更换	根据具体情况进行处理或更换	切断电源或重新更换

二、技能实训

1. 实训内容

常用低压电器的拆装与维修。

2. 实训目的

(1)熟悉常用低压电器的基本结构

(2)能对常用的低压电器进行拆卸、组装和进行简单检测和维修

3. 实训器材

螺丝刀、镊子、尖嘴钳、活络扳手、万用表、兆欧表、自动空气开关、熔断器、交流接触器、热继电器、时间继电器、按钮等低压电器若干。

4. 实训步骤

(1)开关类电器的拆装与维修

①根据实物写出各电器名称。

②记录各电器元件型号，并对照认识。

③根据型号正确选出对应元件。

④发给每个学生一个自动空气开关，首先让学生观察、认识自动开关的外观，将其型号和内部主要零部件名称、作用等记入表 9.15 中。

表 9.15　自动空气开关基本结构及拆卸

<table>
<tr><td rowspan="5">自动空气开关</td><td>型　号</td><td>额定电压</td><td>额定电流</td><td>极　数</td><td>脱扣器类型及额定电流</td><td>脱扣器整定电流</td><td>主触点与辅助触点的分断能力和动作时间</td></tr>
<tr><td></td><td></td><td></td><td></td><td></td><td></td><td></td></tr>
<tr><td>主要零部件名称及作用</td><td colspan="6"></td></tr>
<tr><td>自动空气开关拆卸步骤记录</td><td colspan="6"></td></tr>
<tr><td>自动空气开关动作原理检测</td><td colspan="6"></td></tr>
</table>

(2)熔断器的拆卸

发给每个学生一个熔断器(熔断器类型根据实际情况决定),首先让学生观察、认识熔断器的外观,将其型号和内部主要零部件名称、作用等记入表 9.16 中。

表 9.16　熔断器基本结构及拆卸

<table>
<tr><td rowspan="4">熔断器</td><td>型　号</td><td>额定电压</td><td>额定电流</td><td>熔体额定电流</td><td>额定分断能力</td></tr>
<tr><td></td><td></td><td></td><td></td><td></td></tr>
<tr><td>主要零部件名称及作用</td><td colspan="4"></td></tr>
<tr><td>熔断器拆卸步骤记录</td><td colspan="4"></td></tr>
</table>

(3)交流接触器的拆装与维修

①发给每个学生一个接触器,首先让学生观察、认识交流接触器的外观,特别应注意交流接触器的电磁线圈接线端、主触点接线端、常开控制触点接线端和常闭控制触点接线端。

②拆卸一台交流接触器,将拆卸步骤、主要零部件名称、作用、各触点动作前后的电阻值及各类触点数量、线圈等数据记入表 9.17 中。

表 9.17 接触器的拆卸与检测记录

<table>
<tr><td colspan="2">型 号</td><td colspan="2">规 格</td><td rowspan="2">拆卸步骤</td><td colspan="2">主要零部件</td></tr>
<tr><td colspan="2"></td><td colspan="2"></td><td>名 称</td><td>作 用</td></tr>
<tr><td colspan="4">触点对数</td><td rowspan="10"></td><td rowspan="10"></td><td rowspan="10"></td></tr>
<tr><td>主触点</td><td>辅触点</td><td>动合触点</td><td>动断触点</td></tr>
<tr><td></td><td></td><td></td><td></td></tr>
<tr><td colspan="4">触点电阻(Ω)</td></tr>
<tr><td colspan="2">动 合</td><td colspan="2">动 断</td></tr>
<tr><td>动作前(MΩ)</td><td>动作后(MΩ)</td><td>动作前(MΩ)</td><td>动作后(MΩ)</td></tr>
<tr><td></td><td></td><td></td><td></td></tr>
<tr><td colspan="4">电 磁 线 圈</td></tr>
<tr><td>线径</td><td>匝数</td><td>工作电压(V)</td><td>直流电阻(Ω)</td></tr>
<tr><td></td><td></td><td></td><td></td></tr>
</table>

(4)热继电器的拆装与维修

①发给每个学生一个热继电器,首先让学生观察、认识热继电器的外观,特别应注意该热继电器是二相保护还是三相保护。

②拆卸一台热继电器,将拆卸步骤、主要零部件名称、作用等数据记入表 9.18 中。

表 9.18 热继电器的拆卸与检测记录

<table>
<tr><td rowspan="5">热继电器</td><td>型 号</td><td>额定电压</td><td>额定电流</td><td>相 数</td><td>热元件编号</td><td>整定电流及整定电流调节范围</td></tr>
<tr><td></td><td></td><td></td><td></td><td></td><td></td></tr>
<tr><td>主要零部件名称及作用</td><td colspan="5"></td></tr>
<tr><td>热继电器拆卸步骤记录</td><td colspan="5"></td></tr>
<tr><td>热继电器故障检测</td><td colspan="5"></td></tr>
</table>

(5)时间继电器的拆装与维修

①发给每个学生一个时间继电器,首先让学生观察、认识时间继电器的外观,特别应注意该时间继电器的触点数量、触点额定电压及电流等。

②拆卸一台时间继电器,将拆卸步骤、主要零部件名称、作用等数据记入表9.19中。

表9.19 时间继电器的拆卸与检测记录

<table>
<tr><td rowspan="5">时间继电器</td><td>型　号</td><td>瞬时触点数量</td><td>额定电压</td><td>额定电流</td><td>线圈电压</td><td>延时范围</td></tr>
<tr><td></td><td></td><td></td><td></td><td></td><td></td></tr>
<tr><td>主要零部件名称及作用</td><td colspan="5"></td></tr>
<tr><td>时间继电器拆卸步骤记录</td><td colspan="5"></td></tr>
<tr><td>时间继电器故障检测</td><td colspan="5"></td></tr>
</table>

(6)按钮开关的拆装与维修

①发给每个学生一个按钮开关,首先让学生观察、认识按钮开关的外观,特别应注意该按钮开关的触点对数、按钮颜色、结构形式等。

②拆卸一台按钮开关,将拆卸步骤、主要零部件名称、作用等数据记入表9.20中。

表9.20 按钮开关的拆卸与检测记录

<table>
<tr><td rowspan="4">按钮开关</td><td>规　格</td><td>结构形式</td><td>触点对数</td><td>按钮颜色</td></tr>
<tr><td></td><td></td><td></td><td></td></tr>
<tr><td>主要零部件名称及作用</td><td colspan="3"></td></tr>
<tr><td>按钮开关拆卸步骤记录</td><td colspan="3"></td></tr>
</table>

(7)行程开关的拆装与维修

①发给每个学生一个行程开关,首先让学生观察、认识行程开关的外观,特别应注意该行程开关的触点数量、结构形式、操作频率、额定电压、电流等。

②拆卸一台行程开关,将拆卸步骤、主要零部件名称、作用等数据记入表 9.21 中。

表 9.21 行程开关的拆卸与检测记录

<table>
<tr><td rowspan="4">行程开关</td><td>额定电压</td><td>额定电流</td><td>触点换接时间</td><td>动作角度或工作行程</td><td>触点数量</td><td>结构形式</td><td>操作频率</td></tr>
<tr><td></td><td></td><td></td><td></td><td></td><td></td><td></td></tr>
<tr><td>主要零部件名称及作用</td><td colspan="6"></td></tr>
<tr><td>行程开关拆卸步骤记录</td><td colspan="6"></td></tr>
</table>

5. 成绩评定

成绩评定表

学生姓名____________

<table>
<tr><td>评定类别</td><td>分值</td><td>评定标准</td><td>得分</td></tr>
<tr><td>实训态度</td><td>10 分</td><td>态度好、认真者给 10 分,较好 7 分,差 3 分</td><td></td></tr>
<tr><td>工具、仪器仪表的正确使用</td><td>5 分</td><td>能正确使用常用电工工具、仪器仪表者得 5 分,若未能正确使用工具、仪表一次扣 1 分,以此类推,扣完为止</td><td></td></tr>
<tr><td rowspan="3">器材安全</td><td rowspan="3">10 分</td><td>损坏工具、仪器仪表者,每次扣 2 分,扣完为止</td><td rowspan="3"></td></tr>
<tr><td>明显违规使用工具、仪器仪表,1 次扣 5 分,扣完为止</td></tr>
<tr><td>在实训过程中,若未能保证教师为其提供的低压电器的器材安全,损坏一处扣 2 分,以此类推,扣完为止</td></tr>
</table>

续表

评定类别	分值	评定标准	得分
实训步骤	75 分	选一自动空气开关能记录自动开关型号,观察结构并能正确对照认识完成表 9.15 者得 15 分,错误一处扣 1 分,以此类推,扣完为止	
		选一熔断器能记录熔断器型号,观察结构并能正确对照认识完成表 9.16 者得 10 分,若不能则一处扣 1 分,以此类推,扣完为止	
		选一交流接触器能记录交流接触器型号,观察结构及动作原理检测并能正确拆卸对照认识完成表 9.17 者得 20 分,若不能则一处扣 2 分,以此类推,扣完为止	
		选一热继电器能记录热继电器型号,观察结构并能正确拆卸对照认识完成表 9.18 者得 15 分,错误一处扣 1 分,以此类推,扣完为止	
		选一时间继电器能记录时间继电器型号,观察结构并能正确拆卸对照认识完成表 9.19 者得 5 分,若不能则一处扣 1 分,以此类推,扣完为止	
		选一按钮能记录按钮型号、颜色,观察结构并能正确拆卸对照认识完成表 9.20 者得 5 分,若不能则一处扣 1 分,以此类推,扣完为止	
		选一行程开关能记录行程开关型号,观察结构及动作原理并能正确拆卸对照认识完成表 9.21 者得 5 分,错误一处扣 1 分,以此类推,扣完为止	
总　　分			

思考与习题九

1. 什么叫低压电器？低压电器的种类有哪些？其主要适用于什么地方？

2. 简述自动空气开关的工作原理及用途。

3. 简述行程开关、按钮的用途及选用原则。

4. 熔断器的主要作用是什么？常用类型有哪些？为什么熔断器不能做成过载保护？

5. 简述常用的几种熔断器的基本结构及各部分作用。试说明怎样根据线路负荷选用熔断器。

6. 交流接触器由哪几大部分组成？试述各大部分的基本结构及作用。

7. 简述交流接触器的工作原理及选用原则。

8. 交流接触器有哪些常见故障？造成的原因是什么？怎样检修？

9. 交流接触器在运行中噪声很大的原因是什么?

10. 简述热继电器的主要结构和工作原理。二相保护式和三相保护式各在什么情况下使用?为什么热继电器不能对电路进行短路保护?

11. 空气式时间继电器主要由哪些部分组成?试述其延时原理。

12. 按钮的作用是什么?由哪几部分组成?

13. 行程开关主要由哪几部分组成?它怎样控制生产机械行程?

14. 低压电器的电磁系统有哪些常见故障?各由哪些可能原因造成?怎样检查排除?

15. 低压电器的触点系统有哪些常见故障?各由哪些可能原因造成?怎样检查排除?

实训十　三相电动机的控制

一、知识准备

电动机在按照生产机械的要求运转时,需要一定的电气装置组成控制电路。由于生产机械的动作各有不同,它所要求的控制电路也不一样,但各种控制电路总是由一些基本控制环节组成的。

电动机的控制电路通常由电动机、控制电器、保护电器与生产机械及传动装置组成,即任何一台设备的电气控制线路,总是由主电路和控制电路两大部分组成,而控制电路又可分为若干个基本控制线路或环节。

常用电动机的基本控制电路有:点动控制、正反转控制、位置控制、顺序控制、降压启动控制、调速控制、自动控制。

本实训将主要介绍空气开关直接控制电路、点动控制、正反转控制、降压启动控制等几种形式的电路和工作原理。

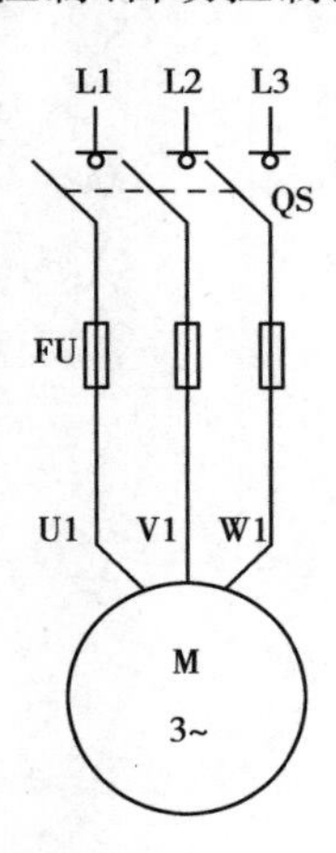

图 10.1　空气开关直接控制电路

1. 空气开关直接控制电路

对小容量电动机的启动,在对控制条件要求不高的场合,可以用空气开关或铁壳开关等简单控制装置直接启动。这种电路只有主电路,如图 10.1 所示,它的电流流向为:三相电源──→空开 QS ──→熔断器 FU ──→电动机 M。其中熔断器用于主电路的短路与过载保护。

2. 点动控制电路

用按钮和接触器组成的点动控制电路原理图如图 10.2 所示。

主电路:电动机电流通过的路径即为主电路。

控制电路(二次电路):主电路以外的其他部分电路即为控制电路(或称二次电路)。

(1)电路结构分析

主电路组成:隔离开关、熔断器 FU、交流接触器 KM 的三个主触点及电动机 M。

控制电路组成:启动按钮 SB、交流接触器线圈 KM。

(2)电路工作原理分析

合上电源开关 QS,流程图分析工作原理如下:

按下启动按钮 SB ──→接触器 KM 线圈通电──→KM 主触点闭合──→电动机 M 通电转动;

松开按钮 SB ──→接触器 KM 线圈断电──→KM 主触点分断──→电动机 M 停转。

(3)电路特点

该电路的特点是采用了接触器控制,因此控制安全,达到了以小电流控制大电流的目的。对需要较长时间运行的电动机,用点动控制是不方便的,因为一旦放开按钮 SB,电动机立即停转。因此对于连续运行的电动机用点动控制不方便,可在点动控制的基础上,保持主电路不变而在控制电路中加自锁功能即可成为具有自锁功能的电动机单向连续运转控制电路。

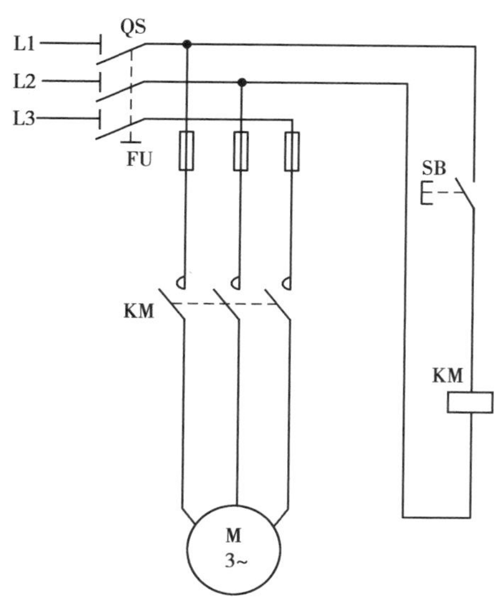

图 10.2　点动控制电路

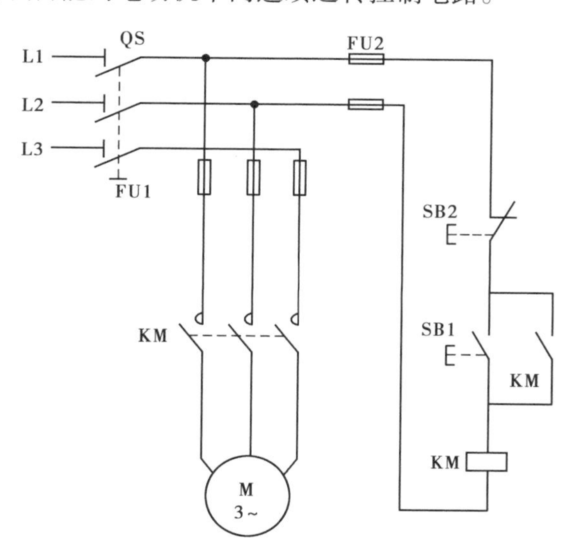

图 10.3　具有自锁功能的单向连续运转控制电路

3. 具有自锁功能的单向连续运转控制电路

具有自锁功能的单向连续运转控制电路如图 10.3 所示。

(1)电路结构分析

主电路组成:隔离开关 QS、熔断器 FU1、交流接触器 KM 的三个主触点及电动机 M。

控制电路组成:停止按钮 SB2、启动按钮 SB1 及交流接触器线圈 KM、KM 常开控制触点(说明:在自身交流接触器线圈支路的启动按钮两端并联自身交流接触器常开控制触点,就构成了自锁控制环节)。

(2)电路工作原理分析

电路的正常工作情况是:合上电源开关 QS,引入电源。

启动:

按下启动按钮 SB1 ⟶KM 线圈通电{KM 主触头闭合；KM 常开触头闭合自锁}⟶电动机 M 启动并连续转动;

停止:

按下停止按钮 SB2 ⟶KM 线圈失电{KM 主触头分断；KM 自锁触头分断}⟶电动机 M 停止转动。

(3)电路特点

优　点	电机可连续运转,具有短路保护及失压、欠压保护
缺　点	若长期负载过大、操作频繁、三相电路发生断相等,可能烧坏电机
改进方法	加接专门的过载保护措施
改进电路	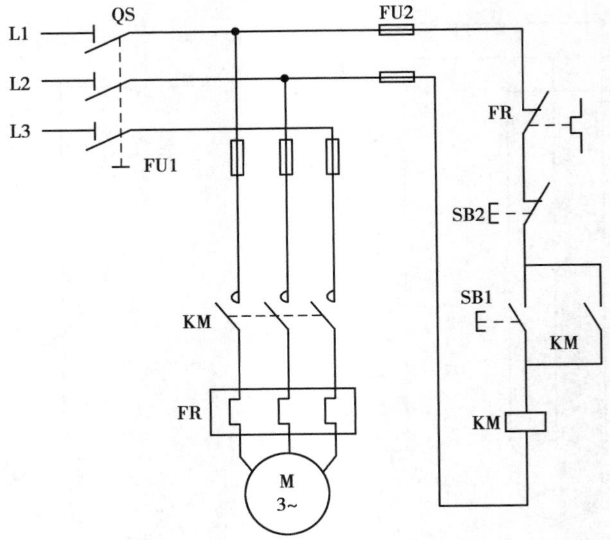 具有过载保护的单向连续运转控制电路 方法:将热继电器的热元件 FR 串联在主电路,它的动断触点串联在控制电路中 保护原理:电动机在运行过程中,由于过载或其他原因使线路供电电流超过允许值时,热元件因通过大电流而温度升高,烘烤双金属片使其弯曲,将串联在控制电路中的动断触点 FR 分断,使控制电路分断,接触器线圈断电,释放主触点,切断主电路,使电动机断电停转,从而起到过载保护作用

4. 辅助触点作联锁的可逆控制电路

在生产实际中,有的生产机械需要两个方向的转动,这就要求电动机应具有正、反转功能。如建筑工地的卷扬机需要上、下起吊重物,电动葫芦行车前进或后退等。如何实现三相电动机的反转呢?只要换接三根电源相线之间的任意两根,即改变电动机输入的电源相序就可实现反转。下面要介绍的是用辅助触点作联锁的可逆控制电路,其电路如图 10.4 所示。

(1)电路结构分析

主电路组成:隔离开关 QS、主电路熔断器 FU1、交流接触器 KM1(正转)的主触点、交流接触器 KM2(反转)的主触点和热继电器的热元件 FR 及电动机 M。

控制电路组成:熔断器 FU2、热继电器 FR 的常闭控制触点、停止按钮 SB3、正转启动按钮 SB1、KM1 的常开控制触点、KM2 的常闭控制触点、交流接触器线圈 KM1、反转启动按钮 SB2、KM2 的常开控制触点及 KM1 常闭控制触点、交流接触器线圈 KM2 组成。(说明:其中 KM1 常闭控制触点串联于对方线圈支路,KM2 常闭控制触点也串联于对方线圈支路,这就是接触器

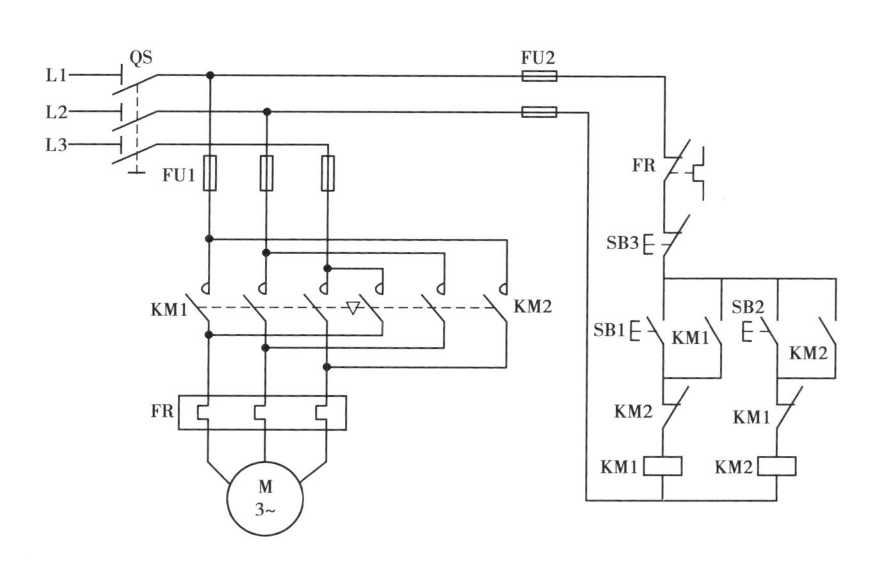

图 10.4　辅助触点作联锁的可逆控制电路

互锁控制结构。在电动机正反转控制电路中为了防止主电路中 KM1 和 KM2 主触点同时接通主电路，出现电源相间短路，控制电路中必须保证 KM1 和 KM2 线圈不同时通电。KM1 常闭控制触点和 KM2 常闭控制触点就能实现这个互锁的功能。

（2）电路工作原理分析

主电路电流的流向：三相电源经隔离开关 QS、主电路熔断器 FU1、接触器主触点 KM1、KM2 和热继电器热元件 FR 到电动机 M。

正转控制：

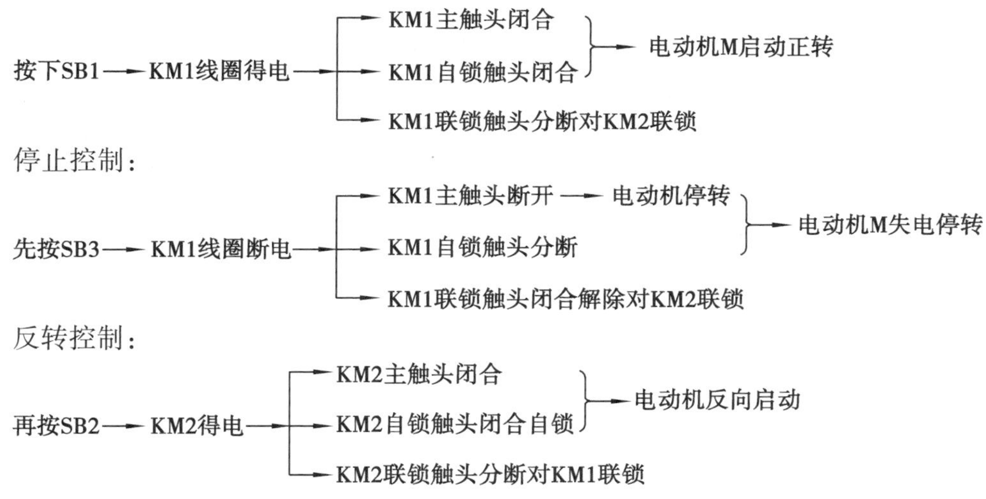

（3）提问思考

①如果在正转时直接按 SB2 能否实现反转？

②联锁的方式还可以有按钮联锁、接触器和按钮构成的复合联锁，想想应如何连接？

5. 用接触器自动控制的 Y-△ 的降压启动电路

上述电动机的启动是全压启动，当电动机的容量较大时会对电网产生严重的影响，因此不能全压启动，在生产技术上，多采用降压启动措施。所谓降压启动是将电网电压适当降低后加到电动机定子绕组上进行启动，待电动机启动后，再将绕组电压恢复到额定值，即降压启动是指启动时的电压低于正常工作时的电压。

常见的降压启动方式有：Y-△降压启动、自耦变压器降压启动、串电阻降压启动、延边三角形降压启动。

在这里只介绍用接触器自动控制的Y-△降压启动控制电路，其电路如图10.5所示。

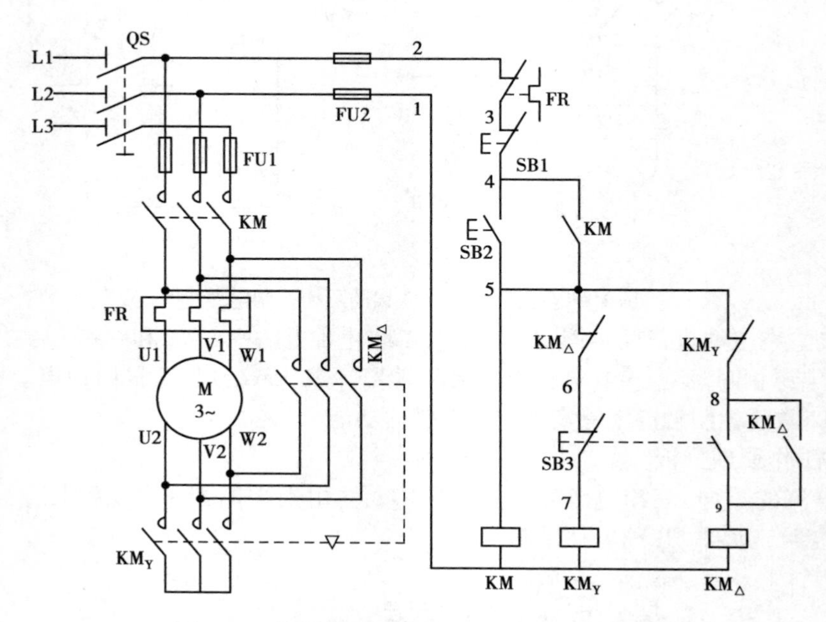

图10.5　接触器自动控制的Y-△降压启动电路

（1）电路结构分析

主电路组成：隔离开关QS、熔断器FU1、三个交流接触器的动合主触点、热继电器的热元件FR及电动机M。

控制电路组成：以三个接触器线圈为主体，配合按钮和接触器辅助触点形成的三条并联支路。

（2）电路工作原理分析

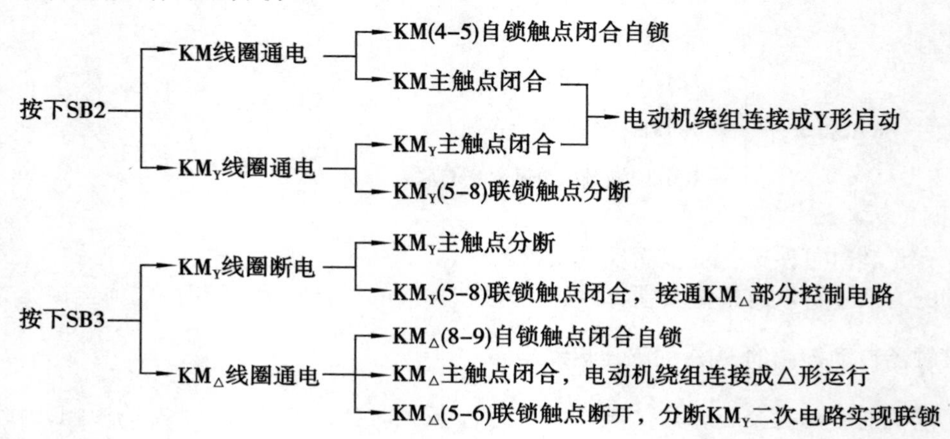

6. 电动机控制电路的安装步骤及要求

(1)安装步骤

电动机控制电路的安装步骤见表10.1。

表10.1　电动机控制电路的安装步骤

电动机控制电路的安装步骤		
①	在电气原理图上编写线号	
②	按电气原理图及负载(电动机)功率的大小配齐电气元件,检查电气元件。检查电气元件时,应注意以下几点	外观检查,外壳有无裂纹,各接线桩螺栓有无生锈,零部件是否齐全
		电器元件的电磁机构动作是否灵活,有无衔铁卡阻等不正常现象。用万用表检查电磁线圈的通断情况
		检查电气元件触头有无熔焊、变形、严重氧化锈蚀现象,触点开距、超程是否符合要求。核对各电器元件的电压等级、电流容量、触头数目及开闭状况等
③	确定电气元件安装位置,固定安装电气元件,绘制电气接线图。在确定电气元件安装位置时,应做到既方便安装时布线,又便于检修	
④	按图安装布线、接线	

(2)安装要求

电动机控制电路的安装要求见表10.2。

表10.2　电动机控制电路的安装要求

电动机控制电路的安装	
①	电气元件固定应牢固、排列整齐,防止电器元件的外壳压裂损坏
②	按电气接线图确定的走线方向进行布线 说明:可先布主回路线,也可先布控制回路线。对于明露敷设的导线,走线应合理,尽量避免交叉,做到横平竖直。转弯时要求呈直角。敷设线路时不得损伤导线绝缘及线芯。所有从一个接线桩到另一个接线桩的导线必须是连续的,中间不能有接头。接线时,可根据接线桩的情况,将导线直接压接或将导线顺时针方向煨成稍大于螺栓直径的圈环,加上金属垫圈压接
③	主回路和控制回路的线号套管必须齐全,每一根导线的两端都必须套上编码套管 说明:套管上的线号可用环乙酮与龙胆紫调合,不易退色。在遇到6和9或16和91这类倒顺都能读数的号码时,必须作记号加以区别,以免造成线号混淆

(3)通电前的检查及通电试运转

安装完毕的控制线路板,必须经过认真检查后,才能通电试车,以防止错接、漏接造成不能实现控制功能或短路事故。检查内容见表10.3。

表 10.3　控制线路板检查内容

①	按电气原理图或电气接线图从电源端开始,逐段核对接线及接线端子处线号。重点检查主回路有无漏接、错接及控制回路中容易接错之处。检查导线压接是否牢固,接触良好,以免带负载运转时产生打弧现象
②	用万用表检查线路的通断情况。可先断开控制回路,用 R×1 Ω 挡检查主回路有无短路现象。然后断开主回路再检查控制回路有无开路或短路现象,自锁、联锁装置的动作及可靠性
③	用 500 V 兆欧表检查线路的绝缘电阻,不应小于 1 MΩ

通电试运转:

为保证人身安全,在通电试运转时,应认真执行安全操作规程的有关规定,一人监护,一人操作。试运转前应检查与通电试运转有关的电气设备是否有不安全的因素存在,查出后应立即整改,方能试运转。通电试运转的顺序见表 10.4。

表 10.4　通电试运转的顺序

①	空载试运转（不接电动机）	接通三相电源,合上电源开关,用试电笔检查熔断器出线端,氖管亮电源接通。按动操作按钮,观察接触器动作情况是否正常,并符合线路功能要求;观察电气元件动作是否灵活,有无卡阻及噪声过大等现象,有无异味。检查负载接线端子三相电源是否正常。经反复几次操作,均正常后方可进行带负载试运转
②	带负载试运转	带负载试运转时,应先接上检查完好的电动机接线后,再接三相电源线,检查接线无误后,再合闸送电。按控制原理启动电动机。当电动机平稳运行时,用钳形电流表测量三相电流是否平衡。通电试运行完毕,停转、断开电源。先拆除三相电源线,再拆除电动机线,完成通电试运转

二、技能实训(一)

1. 实训内容

辅助触点作联锁的可逆控制电路接线及运行

2. 实训目的

(1)进一步熟悉常用低压电器的结构及触点系统

(2)学会安装用按钮和辅助触点作复合联锁的电动机可逆控制电路,进一步熟悉电气布线,并能排除简易故障

(3)理解安全文明生产的重要性

3. 实训器材

常用电工工具，如螺丝刀、钢丝钳、尖嘴钳、电工刀、活络扳手、万用表、兆欧表、钳形电流表等。

器材：动断按钮、动合按钮、交流接触器、热继电器、主电路和控制电路熔断器、隔离开关（空开）、电动机、接线排、导线适量。

4. 实训步骤

①按图 10.4 所示电路，清理并检测所需元件，将元件型号、规格、质量检查情况记入表 10.5 中。

表 10.5 用辅助触点作联锁的可逆控制（正、反转）电路接线及运行电路元件清单

元件名称	型 号	规 格	数 量	是否合用
接触器				
启动按钮				
停止按钮				
热继电器				
主电路熔断器				
控制电路熔断器				
隔离开关				
电动机				

②按图 10.4 所示电路，认真识别主电路和控制电路（二次电路），并区分主电路和控制电路（二次电路）导线颜色，理清导线根数，并将主电路和控制电路所需导线根数填入表10.6中。

表 10.6 正反转控制电路接线及运行电路主、次电路导线根数

导 线	主电路	控制电路（二次电路）
颜 色		
导线根数		

③在事先准备好的配电板上，将上述准备好的器材和导线按照图 10.4 所示电路和工艺要求完成电路板接线。配电板器材分布如图 10.6 所示。

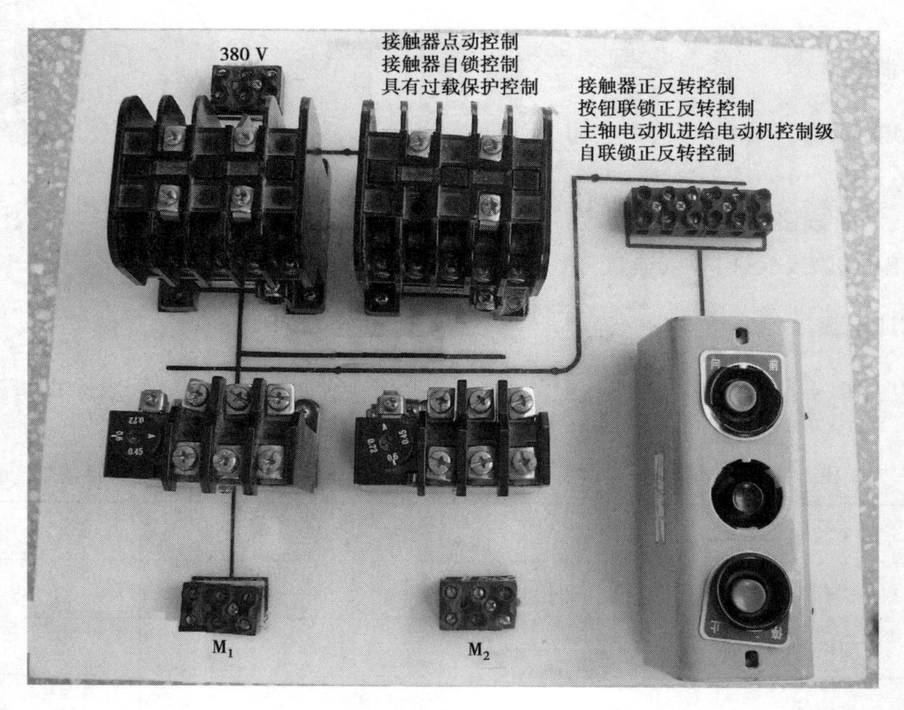

图 10.6 配电板布置图

④在已经安装完工后，经检查合格，通电试运行，观看电动机的运行情况。

接线完成后经老师检查方可进行通电，通电时可以进行如表 10.7 所示的验证。

表 10.7 正反转控制电路接线及运行电路通电观察情况

观察通电情况	能	不 能
正转启动（观察电动机的旋转方向）		
停止		
反转启动（观察电动机的旋转方向）		
按 SB1 或按 SB2 是否能够实现（验证互锁功能）		

⑤在通电运行成功后，人为设置故障并通电运行，观察故障现象，并将故障现象记入表 10.8 中。

表 10.8 正反转控制电路接线及运行电路故障设置情况统计表

故障设置元件	故障点	故障现象
反转动合按钮	触点不能接触	
正转接触器	联锁触点不能接触	
反转接触器	自锁触点不能接触	

续表

故障设置元件	故障点	故障现象
反转接触器	一相主触点不能接触	
控制电路熔断器	熔丝断	
热继电器	动作后没复位	

注:对于触点不能接触的人为故障设置可用纸屑当绝缘物质来隔断两触点。

5. 成绩评定

成绩评定表

学生姓名____________

项目	考核要求	检测结果	配分	评分细则	得分
实训态度	—	—	10	态度好、认真者给10分,较好7分,差3分	
外观质量	布线横平竖直,转角圆滑呈90°		6	一处不合格扣1分,以此类推,扣完为止	
	长线沉底,走线成束		2	不符合要求不得分或扣1分	
	线槽引出线不交叉		2	交叉一处扣1分	
	选线正确		2	不符合要求不得分	
接线	严格按原理图接线,接线正确		10	严格按原理图接线,得10分;不按原理图接线不得分	
线头处理	线头不裸露		1	线头裸露大于1 mm一处扣1分	
	羊眼圈弯曲正确		1	反圈或羊眼圈弯曲过大不得分(无羊眼圈不得分)	
	软线头处理良好		1	软线头处理凌乱1处扣1分	
	线头不松动		2	线头松动一处扣1~2分	
安全文明操作	穿好工作服、绝缘鞋(有条件的)		1	不穿绝缘鞋扣1分	
	不乱打乱敲		1	敲击木螺钉扣1分	
	爱护电气元件		2	损坏元件扣1~2分	
	遵守实作室纪律		2	不遵守实作室纪律扣1~2分	

续表

项目	考核要求	检测结果	配分	评分细则	得分
电路检查	若能按图10.4所示电路理清并检测所需元件,完成表10.5得5分		40	若能按图10.4所示电路理清并检测所需元件,完成表10.5得5分,错误一处扣除1分,扣完为止	
	若能按图10.4所示电路理清主电路和控制电路导线根数及导线颜色得5分			能按图10.4所示电路理清主电路和控制电路导线根数及导线颜色并完成表10.6得5分,错误一处扣除1分,以此类推,扣完为止	
	若能严格按图10.4所示电路接线,并按工艺要求安装完工后,经检查合格得10分			若能严格按图10.4所示电路接线,并按工艺要求安装完工后,经检查合格得10分,错误一处扣除1分,以此类推,扣完为止	
	若能严格按图10.4所示电路接线,安装完工后,经检查合格,试板成功得20分			若能严格按图10.4所示电路接线,安装完工后,经检查合格,试板成功得20分,试板不成功酌情得分	
故障排除	在安装完工后,经试板成功后,可人为设置故障,若能找到故障点并能排除得17分		17	①若能排除反转动合按钮触点不能接触得3分,不能排除一处扣1分,以此类推,扣完为止; ②若能排除正转接触器联锁触点不能接触或反转接触器自锁触点不能接触得2分,不能排除一处扣1分,以此类推,扣完为止; ③若能排除反转接触器一相主触点不能接触、控制电路熔断器熔丝断、热继电器动作后没复位得2分,不能排除一处扣1分,以此类推,扣完为止	
总　分					

注:①学生严格按图接线,L1,L2,L3及热继电器出线应接到接线端子,并按工艺线要求接线;

②按钮接线应符合规范、按钮颜色或接触器触头用错,一处扣2分,一点接三针以上扣2分;

③不走工艺线乱拉乱接者,扣除全部外观质量分;

④评分表中的项目分,各项配分扣完为止,不计负分;

⑤配电板如果未全部装完,不得进行通电试验。

三、技能实训(二)

1. 实训内容

用接触器自动控制的 Y-△降压启动电路的接线及运行。

2. 实训目的

学会安装电动机自动式 Y-△降压启动控制电路。

3. 实训器材

常用电工工具，如螺丝刀、钢丝钳、尖嘴钳、电工刀、活络扳手、万用表、兆欧表等。

器材有 Y-△启动器、控制按钮、热继电器、主电路和控制电路熔断器、隔离开关、绕组为△连结的电动机，接线排，导线适量等。

4. 实训步骤

①按图 10.5 所示电路，安装接触器自动控制的 Y-△降压启动控制电路，先清理并检测所需元件，并将元件型号、规格、质量检查情况记入表 10.9 中。

表 10.9　用接触器自动控制的 Y-△降压启动电路元件清单

元件名称	型　号	规　格	数　量	是否合用
Y-△启动器				
启动按钮				
停止按钮				
热继电器				
主电路熔断器				
控制电路熔断器				
隔离开关				
电动机				

②在事先准备好的配电板上，按图 10.5 所示电路布置元器件，并完成线路连接，画出元器件实际位置和布线图画。Y-△控制电路配电板如图 10.7 所示。

③在已经安装完工后，经检查合格，通电试运行，观看电动机的运行情况。

④在通电运行、动作无误的电路上，人为设置故障并通电运行，观察故障现象，并将故障现象记入表 10.10 中。

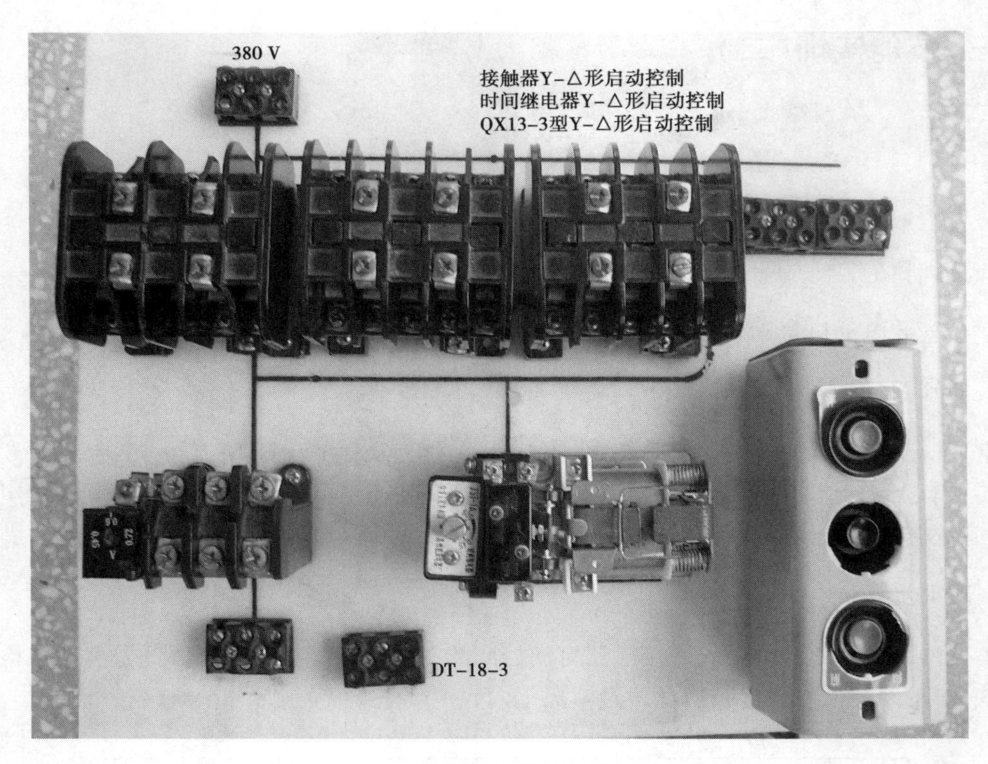

图 10.7　Y-△降压启动控制电路实际安装图

表 10.10　用接触器自动控制的 Y-△降压启动电路故障设置情况统计表

故障设置元件	故障点	故障现象
接触器 KM	线圈端子接触松脱	
接触器 KM_Y	自锁触点不能接触	
接触器 $KM_\triangle$	联锁触点不能接触	
接触器 KM_Y	一相主触点不能接触	
接触器 $KM_\triangle$	自锁触点不能接触	

5. 成绩评定

成绩评定表

学生姓名__________

项目	考核要求	检测结果	配分	评分细则	得分
接线	严格按原理图接线，接线正确得 20 分		20	严格按原理图接线，得 20 分；不按原理图接线不得分，每错一处扣 2 分	

续表

项目	考核要求	检测结果	配分	评分细则	得分
外观质量	布线横平竖直，转角圆滑呈90°		6	一处不合格扣1分，以此类推，扣完为止	
	长线沉底，走线成束		2	不符合要求不得分或扣1分	
	线槽引出线不交叉		2	交叉一处扣1分	
	选线正确		2	不符合要求不得分	
线头处理	线头不裸露		1	线头裸露大于1 mm一处扣1分	
	羊眼圈弯曲正确		1	反圈或羊眼圈弯曲过大不得分（无羊眼圈不得分）	
	软线头处理良好		1	软线头处理凌乱1处扣1分	
	线头不松动		1	线头松动一处扣1分	
安全文明操作	穿好工作服、绝缘鞋（有条件的）		1	不穿绝缘鞋扣1分	
	不乱打乱敲		1	敲击木螺钉扣1分	
	爱护电器元件		2	损坏元件扣1～2分	
	遵守实作室纪律		2	不遵守实作室纪律扣1～2分	
电路检查	若能按图10.5所示电路理清并检测所需元件，完成表10.9得10分		40	若能按图10.5所示电路理清并检测所需元件，完成表10.9得10分，错误一处扣除1分，扣完为止	
	若能严格按图10.5所示电路接线，并按工艺要求安装完工后，经检查合格得10分			若能严格按图10.5所示电路接线，并按工艺要求安装完工后，经检查合格得10分，错误一处扣除1分，以此类推，扣完为止	
	若能严格按图10.5所示电路接线，安装完工后，经检查合格，试板成功得20分			若能严格按图10.5所示电路接线，安装完工后，经检查合格，试板成功得20分，试板不成功酌情得分	
故障排除	在安装完工后，经试板成功后，可人为设置故障，若能找到故障点并能排除得18分		18	①若能排除接触器KM线圈端子接触松脱得5分，不能排除一处扣1分，以此类推，扣完为止； ②若能排除接触器KM_Y自锁触点不能接触、接触器$KM_\triangle$联锁触点不能接触得5分，不能排除一处扣1分，以此类推，扣完为止； ③若能排除接触器KM_Y一相主触点不能接触、接触器$KM_\triangle$自锁触点不能接触得5分，不能排除一处扣1分，以此类推，扣完为止	
总　分					

6. 实训工艺要点或结果分析

①在该实训中,KM 的主触点在并入主电路时,容易在 U1,V1,W1 或 U2,V2,W2 两组内部将端头接错,你是否出现过,一旦出现,会有什么危险?

②在该实训的控制电路接线中,若误将 SB3 的动合触点与动断触点接反,会出现什么恶果?

思考与习题十

1. 电气原理图中 QS,FU,FR,KM,SB,SQ 分别是什么电气元件的文字符号?
2. 电动机控制电路的组成分为哪几部分?
3. 什么叫电动机的全压启动? 电动机全压启动运转控制电路有哪几种电路形式?
4. 画出电动机点动控制电路的原理图,并说明其组成和工作原理。
5. 装板的工艺要求有哪些?
6. 电动机启动电流是额定电流的 4 ~7 倍,为什么电动机启动时热继电器不动作?
7. 画出具有自锁功能的单向连续运转控制电路的电路原理图,并说明其组成和工作原理。
8. 试分析图 10.4 用辅助触点作联锁的可逆控制电路的工作原理。
9. 在电力拖动电路中,在主电路上已装了熔断器进行保护,为什么还要装热继电器?
10. 简述用接触器自动控制的 Y-△降压启动电路基本结构和动作原理。
11. 设计一个控制线路,要求第一台电动机启动 10 s 后,第二台电动机自动启动。运行5 s 后,第一台电动机停止并同时使第三台电动机自行启动,再运行 15 s 后,电动机全部停止。

参考文献

[1] 熊莉英.电工电子技术实验指导[M].重庆:重庆大学出版社,2014.
[2] 唐瑶,张燕,雷静静.电工与电子技术[M].北京:电子工业出版社,2018.
[3] 王冰,刘久付,褚福涛.电工电子实训基础教程[M].南京:南京大学出版社,2019.
[4] 韩雪涛.电工知识技能大全[M].北京:电子工业出版社, 2020.
[5] 聂广林,赵争召.电工技术基础与技能[M].重庆:重庆大学出版社,2010.